Ludwig II.

und seine Schlösser

Ludwig Merkle

Bruckmann KunstKultur

Titelmotive: König Ludwig II. in Generalsuniform und Krönungsmantel (Ausschnitt) mit den Schlössern Neuschwanstein (oben), Herrenchiemsee (Mitte), Linderhof (unten).

Umschlagrückseite: Musical-Star »Ludwig« im Schloß Linderhof

Vorsatz: Versailles in Oberbayern. Das Ludwigsschloß Herrenchiemsee.

Nachsatz: Schloß Linderhof im Graswangtal.

Seite 1: König Ludwig II. in bayerischer Generalsuniform.

Seite 2/3: St.-Koloman-Kirche von J. Schmuzer. Im Hintergrund Neuschwanstein.

Seite 4/5: Die Fraueninsel im Chiemsee mit Blick auf die Chiemgauer Alpen.

Seite 6/7: Neuschwanstein am Abend. Unten im Tal das Schloß Hohenschwangau.

Seite 8/9: Nach dem Vorbild der Wartburg: der Sängersaal auf Neuschwanstein.

Seite 10/11: Blick von der Ilkahöhe auf den Starnberger See und die Alpenkette.

3. durchgesehene Auflage 2000

Englische Ausgabe unter dem Titel:
Merkle, Ludwig: Ludwig II and his dream castles

Die Deutsche Bibliothek – CIP-Einheitsaufnahme

Ludwig II. und seine Schlösser / Ludwig Merkle. –
Durchges. Neuaufl. – München: Bruckmann KunstKultur, 2000
ISBN 3-8307-1017-8

Gesamtherstellung: SMG, München
Printed in Germany
ISBN 3-8307-1017-8

Inhalt

Vorwort

ACH, UNSER LUDWIG,
BAYERNS ZIERDE

Ludwig II. 1866, also mit 21 Jahren, in der malerischen Großmeisteruniform des Georgsritterordens. Man muß schon sagen: ein richtig schöner junger Mann – kein Wunder, daß er seinem Volk so gut gefiel.

Die Linderhofer Schloßfassade, in zu Ehren der Bourbonenkönige nachgeahmter Rokokoarchitektur, ist zwar reich ornamentiert, gemessen an der zügellosen Überladenheit der Innenräume aber geradezu schlicht zu nennen.

Ach, unser Ludwig II. – welches Volk hatte je einen so wunderbaren, prächtigen Monarchen?

Und schön war er, wenigstens anfangs, am Beginn seiner Regierungszeit, als er 1864, 18½ Jahre alt, den Thron erklomm, der ansehnlichste König weit und breit. Schlank, rank und 1 Meter 91 hochgewachsen, »übergossen vom Reiz jugendlicher Schöne« schildern ihn uns die Zeitgenossen, stolze Majestät und hoheitsvoller Adel strahlten ihm aus dem Gesicht beziehungsweise Antlitz, sein üppiges dunkelbraunes Haar trug er kunstvoll coiffeurgelockt; kräftig parfümiert, verbreitete er süßen Wohlgeruch um sich. Begeistert rühmten alle, die ihn sahen, den »ungewöhnlich ausdrucksvollen Blick« der großen, schwärmerisch verträumten Augen – deren Farbe sich indes offenbar der Definition entzog. Gewährspersonen nennen sie teils schwarz, teils braun oder tiefdunkelblau; aber auch stahlgrau, hell- oder himmelblau sollen sie gewesen sein.

Über die königliche Stimme sind wir zuverlässiger informiert. »Rund volltönend« klang sie, halblaut und gütig-leise, »sehr wohltuend« und sonor, und gesprochen hat der König »reines, ungeziertes Deutsch« (und auch ganz gut französisch). Des Dialekts war er nur wenig mächtig, verbot der Dienerschaft, »altbayerisch zu reden«; einige heimische Schimpfwörter allerdings, die er im Umgang mit seinen Stallburschen, Lakaien und Ministerialen benötigte, standen ihm zu Gebot.

Das Volk verliebte sich sogleich sehr nachhaltig in ihn und hat – Bayern sind äußerst anhänglich und treu – nie aufgehört, ihn aufs innigste zu verehren, auch nicht, als er immer aufgedunsener und zahnloser wurde – was ziemlich schnell passierte. Der Dichter Felix Dahn, der ihn 1864 und dann wieder 1873 traf, notierte: »In diesen neun Jahren war recht viel verschwunden von jener Jünglingsschönheit, die damals von ihm ausgestrahlt hatte. Er war zu dick geworden, die fahle Gesichtsfarbe war nicht hübsch, das Fehlen mehrerer Zähne entstellte ihn beim Sprechen und machte das Verstehen der hastig hervorgesprudelten Worte noch schwieriger…«, und der preußische Kronprinz Friedrich Wilhelm reklamierte schon 1871, als der König 25 Jahre alt war: »Ich finde ihn auffallend verändert; seine Schönheit hat sehr abgenommen, er hat die Vorderzähne verloren, sieht bleich aus...«

Das Volk begeht, während es seine andern, nützlicheren Herrscher ziemlich vergessen hat, noch heute herzbewegende König-Ludwig-Feste, brennt, wenn sich sein Geburtstag jährt, lodernde Bergfeuer ab, feiert heilige Freilichtmessen für sein Seelenheil und gründet Ludwig-Gedächtnis- und -Denkmal-Vereine, deren Mitglieder fest überzeugt sind: Der König war keineswegs verrückt, schon gar nicht geisteskrank, und auch nicht schwul, und den Doktor Gudden hat er nicht ersäuft, sondern wurde, im Gegenteil, selbst umgebracht:

»Und geheime Meuchelmörder,
deren Namen man nicht kennt,
habens ihn in'n See neingstessen,
indem sie ihn von hint angrennt.«

So heißt's im populären, vielgesungenen König-Ludwig-Lied.

Um die 60 König-Ludwig-Fanclubs soll es geben. Es handelt sich dabei nicht etwa um Traditionsvereine aus der Zeit um 1890; die meisten von ihnen entstanden erst nach dem Zweiten Weltkrieg. Ihre malerischsten Vertreter lassen sich Bart und Haare à la Ludwig stutzen, die treuesten zünden Kerzen an am Königssarkophag, die geschäftigsten aber beschweren sich erbittert bei der Schlösserverwaltung, wenn sie einen Hund oder ein kleines Kind beim Ludwigskreuz in Berg (wo der König starb) baden sehen, erstens weil solch ein Bad gegen alle Pietät verstößt, zweitens weil der König weder Kinder noch Hunde leiden konnte.

Auch die Preußen haßte er; eine Kaiserbüste zu Hohenschwangau soll er, wenn er vorbeiging, angespien haben.

Der König 1871, nunmehr 26 Jahre alt. Er sei längst nicht mehr so schön wie einst, kritisierte der preußische Kronprinz. Die Vorderzähne fehlten ihm bereits. Daher – nicht nur von seiner ernsten Gemütsart – kommt es, daß er nie cheese-lächelte, wenn er fotografiert wurde.

Die letzte Aufnahme vom König, 1886. Pausbäckig, aufgedunsen, aufgeschwemmt ist er jetzt, 2 Zentner 40 wiegt er (bei 1 Meter 91 Größe), 1 Meter 20 beträgt sein Bauchumfang. Der Zuneigung seines Volkes tat das keinen Abbruch, er ließ sich ohnehin nirgends mehr sehen.

Schwäne, Pfauen und auch Pferde dagegen mochte er. München wollte er am liebsten »an allen Ecken anzünden«, Bayern, als ihn seine Minister zur Sparsamkeit ermahnten, gegen ein anderes, botmäßigeres Land vertauschen.

»Ich verschmähe«, sagte er, »das Beifallsgeschrei der Menge.« Er legte keinen

Rührende Postkarten mit innigen Widmungen: »Dein Bild wird ewig leben im treuen Bayernherz« – versprachen dem König Ludwig unverbrüchliche Liebe und immerwährende Anhänglichkeit. Das bayerische Volk hat sein Gelöbnis gehalten. Es ist noch heute überzeugt: Einen bessern, prächtigeren König gab es nie.

Wert darauf, ihr zu begegnen, spukte lieber nachts auf einsamen Reitausflügen oder im goldenen Rokokoschlitten durch die bayerischen Wälder, spann sich ein in Träume von Herrscherprunk und Königsmacht, baute Schloß um Schloß – jedoch nicht, wie der Dichter des Ludwigslieds naiv vermutet, »zu des Volkes Wohlergehn«, sondern in exklusiver Einsamkeit, wo niemand außer ihm sie sah; denn der Blick des Volkes, argwöhnte er, könnte sie »besudeln und entweihen«.

Womit hat er die Liebe seines Volks verdient? Er war keiner von den unermüdlichen, tüchtigen Herrschern, die sich aufopfernd für ihren Staat verzehren. Närrisch, absonderlich, kostspielig und verschwenderisch, grotesk, bizarr, launenhaft, unberechenbar, wohl nicht einmal sympathisch, tat er nicht das Geringste, um seinen Bayern zu gefallen.

Verfolgt aber von gemeinen, niederträchtigen Intriganten, gedemütigt, ermordet, avancierte er zum geheimnisvollen tragischen, glanzvoll unglücklichen Märchenkönig – und zur bedeutendsten Fremdenverkehrsattraktion des bayerischen Freistaats.

Kindheit und Jugend

LUDWIG FRIEDRICH WILHELM

Geboren wurde Ludwig, als »holdes, starkes Knäblein«, in der wittelsbachischen Sommerresidenz Schloß Nymphenburg, die damals noch ein gutes Stück außerhalb des Münchner Weichbilds lag, am 25. August 1845, nachts um halb eins. Was schon ein recht vielversprechendes Wunder war; denn just am gleichen Tag und auch zur selben Stunde war – 1786, hundert Jahre vor Ludwigs Tod – sein Großvater, Ludwig I., auf die Welt gekommen. (Es gab denn auch gleich Gerüchte, das stimme ja gar nicht, das Kind sei schon früher dagewesen und nur des schönen Datums wegen zwei Tage aufgehoben worden.)

Am 25. August begeht die katholische Christenheit das Fest des heiligen Ludwig. Der junge Prinz gehörte somit zu den bedauernswerten Kindern, deren Namens- und Geburtstag zusammenfallen, mit der unseligen Folge, daß sie bloß einmal im Jahr gefeiert werden.

Nebst Ludwig hieß der Knabe nach preußischer, von der Mutter importierter Namenssitte auch noch Friedrich Wilhelm, wovon freilich kein Gebrauch gemacht wurde.

Sein Vater Maximilian war damals noch Kronprinz. (König wurde er 1848, im Geburtsjahr von Ludwigs Bruder Otto.) Im ersten Überschwang des Stolzes meinte er, es sei »doch ein prächtiges Gefühl, Vater zu sein«, doch die Begeisterung währte nicht lang. Kühle Distanz und Verständnislosigkeit prägten sein Verhältnis zu den Söhnen; nie, ist überliefert, habe er mit ihnen gelacht, dafür Bestrafungen für Streiche und Unfolgsamkeit stets eigenhändig vorgenommen, schon weil es unschicklich gewesen wäre, wenn bürgerliche Domestiken den künftigen König geohrfeigt hätten; Prügel aber mußten sein, sie galten – nicht nur im bayerischen Königshaus – als wichtiges Erziehungsmittel.

»Der König«, erfahren wir vom Kabinettssekretär Pfistermeister, »sah seine beiden Söhnchen, die Prinzen Ludwig und Otto, des Tages nur ein- oder zweimal, mittags beim zweiten Frühstück und abends bei der Hoftafel, gar selten in den Zimmern, wo sie aufwuchsen. Dabei reichte er ihnen meist nur die Hand zum Gruße und empfahl sich schleunigst.« – Sein Vater habe ihn, schreibt Ludwig als Dreißigjähriger, immer »de haut en bas behandelt, höchstens en passant einiger gnädiger, kalter Worte gewürdigt«.

Ludwigs Mutter Marie war eine preußische Prinzessin, Tochter des Prinzen Friedrich Wilhelm Carl, eine zunächst ausgesprochen hübsche blauäugige, dunkelhaarige Dame, die in späteren Jahren bedauerlicherweise immer korpulenter wurde.

Sie war herzensgut, aber dumm, freundlich, hausbacken, einfältig, prosaisch, ganz ohne musische oder gar geistige Interessen, oblag vergnügt der Blumenpflege und Weißnäherei, besuchte nur höchst ungern ein Theater, erklärte mit gewissem Stolz, sie lese nie ein Buch. Sie liebte – was wieder für sie spricht – die oberbayerische Landschaft und ging als die erste Berliner Alpenwanderin in die Geschichte des Fremdenverkehrs ein; mit ihren Königsbuben kraxelte sie unermüdlich auf die Berge.

Seltsamerweise, obgleich der naiv herzliche Muttertyp gewöhnlich mit exaltierten Söhnen gut zu harmonieren pflegt, brachte auch Mutter Marie es kaum zu nennenswürdigen Kontakten mit den Kindern. Franz von Pfistermeister hat beobachtet: »Auch die Königin verstand es sehr wenig, ihre Prinzchen an sich zu ziehen. Sie besuchte sie zwar häufiger [als

Die Königsfamilie, »nach dem Leben gezeichnet« von Erich Correns um 1850: Mutter Marie, die hübsche, Vater Maximilian II., der distinguierte, und die Prinzen, noch in Mädchenkleidern, Ludwig fünf, Otto zwei Jahre alt. Schauplatz der Idylle ist der Schloßpark von Hohenschwangau.

Folgende Doppelseite: Hier wurde Ludwig II. am 25. August 1845 geboren: in der königlichen Sommerresidenz Schloß Nymphenburg (erbaut und mehrmals erweitert von 1663 bis 1728). Das Schloß ist eine der besuchtesten Sehenswürdigkeiten Münchens. Der herrliche Park enthält die Amalienburg, die Badenburg und die Pagodenburg.

der Vater] in ihren Zimmern, wußte sich aber nicht mit ihnen abzugeben, wie Kinder es eben verlangen. Das zog die Söhnchen auch nicht an die Mutter.«

Ludwig wußte zeitlebens wenig mit ihr anzufangen. »Meine Mutter versteht mich ganz und gar nicht«, beklagt er sich bei Richard Wagner, und im Jahr 1876 schreibt er: »Meine Mutter, die Königin, verehre ich, liebe ich, wie es sein muß. Daß ein intimes Verhältnis absolut unmöglich ist bei einer solchen Natur wie die ihrige ist, dafür kann ich nichts.« – Später verabscheut er sie geradezu und nennt sie gern die »Witwe meines Vorgängers«. Als solche, findet er, habe sie seine Würde zu achten: »Ich bin der Herrscher, und sie ist nur die Mutter, gleichzeitig Untertanin.«

Die Erziehung der Prinzen lag in den Händen wenig inspirierter Männer, denen sie außer Standesdünkel nicht viel zu verdanken hatten. Das pädagogische Prinzip war das der behüteten Weltfremdheit und unnachsichtigen Strenge. Die Knaben wurden gezwungen, früh aufzustehen, litten unter überfüllten Schulstundenplänen, Süßigkeiten gab es nicht, Taschengeld nur in bescheidenstem Maße, und auf den Umgang mit Altersgenossen wurde kein Wert gelegt. Der Königsbiograph Gottfried von Böhm schreibt: »Die Lebensweise der beiden Prinzen war eine sehr einfache. Es gehörte zu den Torheiten der damaligen vornehmen Erziehung, daß man Kinder sich nicht satt essen ließ, und der künftige König war sehr froh, wenn ihm die treue Wärterin Lisi und Lakaien zuweilen Proviant aus der Stadt mitbrachten oder etwas von ihrer reichlicheren Kost mitteilten.« Dies alles sollte aus den Prinzen tüchtige, pflichteifrige Fürsten machen und sie zu Mäßigkeit und Einfachheit anregen.

Die Methode versagte gründlich, wie wir wissen.

Spätere Fehlentwicklungen bahnen sich ja bekanntlich oft in einer freud- und liebelosen Kindheit an, und so mag man rätseln: Warf der König Ludwig deswegen sein Geld aus allen Fenstern, weil er in seiner Jugend keins bekam? – Prügelte er seine Bediensteten im Gedenken an die zahlreichen Züchtigungen aus der Hand des ungeliebten Vaters? – Wurde er deshalb zum Vielfraß, weil er als kleiner Knabe hungern mußte? – Erklärt sich seine Vorliebe für bourbonische, georgiritterliche, orientalische und sonstige Maskeraden aus den eher unkleidsamen Trachten, in die man ihn als jungen Knaben zwängte? – Und machte er darum die Nacht zum Tage, weil er in seinen Kinderjahren immer so früh aus dem Bett gescheucht wurde? – Ein weites und dank-

Aufmerksame Königsbiographen versäumen nicht, darauf hinzuweisen, daß Ludwig schon als fünfjähriger kleiner Kronprinz gern mit dem Baukasten spielte. Die Trommel weist auf seine Musikbegeisterung hin – so haben wir in diesem Foto schon das Wesentliche seines Lebensprogramms.

Aus dem königlich-bayerischen Familienalbum: die Prinzen ums Jahr 1855. Ludwig und Otto waren, so ist es überliefert, »die anmutigsten und schönsten Kinder, die man sich denken konnte«.

bares Feld für amateurpsychologische Spekulationen.

Sonst ist uns aus der kronprinzlichen Jugendzeit überliefert: Ludwig und Otto waren »die anmutigsten und schönsten Kinder, die man sich denken konnte«. (Nun ja, wenn man die Bilder so anschaut!) – Ludwig war ein intelligenter Schüler, der seinen Lerneifer jedoch nicht allen Fächern gleichermaßen zuwendete. – Im frühkindlichen Baukastenspiel kündigte sich sein architektonisches Genie an. – Musikalisch war er keineswegs. »Sein einstiger Klavierlehrer hatte den Tag, an dem er ihm als Kronprinzen die letzte Unterrichtsstunde gegeben, einen ›Glückstag‹ genannt, wegen des Talentmangels seines hohen Zöglings.« (Auch Richard Wagner bestätigte übrigens später diese Diagnose: »Der König ist ganz unmusikalisch und nur mit einem poetischen Gemüt begabt.«) – Dafür schwamm er vorzüglich und war gut zu Pferde. – Einmal wollte er seinen kleinen Bruder Otto hinrichten, wegen Insubordination, wurde glücklicherweise aber noch rechtzeitig erwischt.

Und: Die Sommermonate verbrachte er im Kreise der Königsfamilie mit Vorliebe und Begeisterung auf dem Schloß Hohenschwangau.

Die beiden Königsknaben brechen zu einer Gebirgswanderung auf, ausstaffiert mit Hut und Alpenstange und in Anzüge gestopft, die nur wenige Nummern zu groß und deshalb auch nach vielen Jahren noch gut zu gebrauchen sind (links).

Die Prinzen Ludwig und Otto mit ihrer Mutter Marie beim kärglichen Mahle (rechts). Als König zog Ludwig die Konsequenz aus der sparsamen Kinderspeisung und entwickelte eine ungeheure Gefräßigkeit.

Hohenschwangau

EIN WAHRES FEENSCHLOSS

1832 hatte Max das baufällige Gemäuer des siebenhundertjährigen alten Schlosses Schwanstein erworben, bezaubert von der großartigen Lage und dem Blick über den Alpsee auf die Allgäuer Berge, und beschlossen, ihm seine »ursprüngliche mittelalterliche Gestalt wiederzugeben« und es als Sommersitz zu benutzen.

Natürlich handelte es sich keineswegs um eine historisch getreue Rekonstruktion – so eng dachte man damals nicht; Maximilian beauftragte den Theatermaler (!) Dominik Quaglio, eine Ritterburg zu erbauen, in der traumverspielten Art, wie sich der romantische Mensch des 19. Jahrhunderts so was vorstellte: schön neugotisch, so phantastisch und malerisch wie möglich, mit dekorativen Türmen und Türmchen, Erkern, Portalen, Balkonen, Säulen, zinnengekrönten Wehrmauern, so schön und märchenhaft, daß der Königsvater Ludwig I., als er 1844 das Schloß zum erstenmal erblickte, entzückt ausrief: »Hohenschwangau ist ein wahres Feenschloß!«

Die Räume wurden ausgeschmückt mit bunten Wandgemälden – vorwiegend nach Moritz-von-Schwind-Entwürfen –, die hehre Szenen aus alten Helden- und Kreuzfahrersagen zeigen. Da sieht man »Dietrichs Flucht aus Verona«, da bewaffnet Erka, die Hunnenkönigin, ihre Söhne, schlägt Authari seine Axt in eine Eiche, entführt Armida Rinaldo auf ihrem Drachenwagen.

Hier fand der Knabe Ludwig Anregung für seine Ritterphantasien, hier hätten sich eigentlich Vater und Sohn in der gemeinsamen Neigung zur Sagen- und Schwanenwelt begegnen können. Aber vielleicht ist die Basis: »Pappi, ist das der Ritter Lohengrin?« – »Gewiß, mein Junge, und hier steht Elsa und weint. Und jetzt muß er fort mit seinem lieben Schwan, weil sie ihn so neugierig gefragt hat. Darum sei nie neugierig…« doch nicht tragfähig genug für ein gedeihliches Vater-Sohn-Verhältnis.

Das Fresko im Schwanenrittersaal des Schlosses Hohenschwangau zeigt, vor dem Hintergrund des Alpsees und des Schlosses, den Abschied Lohengrins. »Leb wohl! Leb wohl! Leb wohl! mein süßes Weib!« singt Lohengrin dazu, während er Elsa küßt. »Leb wohl! Mir zürnt der Gral, wenn ich noch bleib'!«

Hohenschwangau ist kein König-Ludwig-Schloß. Ludwigs Vater Maximilian hat es als romantische neugotische Ritterburg auf den Resten der alten Burg Schwanstein erbauen lassen. 1837 wurde es fertiggestellt. Schon als Kind verbrachte Ludwig viele Sommer hier.

Die Kroninsignien, Krone, Reichsapfel und Zepter, gehören zur Grundausstattung eines Königs. Die bayerische Königskrone ist ein Stirnreif mit acht durchbrochenen Spangen. Im Gipfel vereinen sich die Spangen und tragen dort die Weltkugel samt einem Kreuz.

Herrscherpflichten

ICH, DER KÖNIG

Mit 18½ Jahren, als junger Abiturient, besteigt Ludwig nach dem plötzlichen Tod des Vaters in der Oberstenuniform seines Infanterieregiments den bayerischen Königsthron.

Anfangs obliegt er seinem königlichen Handwerk mit lobenswertem Fleiß, konferiert mit den Ministern und Staatssekretären, hält gnädig Audienzen ab, läßt sich von seinem Volk bejauchzen, regiert gewissenhaft, wenn auch, natürlich, ohne Kompetenz. Der österreichische Gesandte Graf Blome schreibt nach Hause: »Von politischen Dingen, besonders von den Fragen der Gegenwart, weiß er noch weniger, als bei seinem jugendlichen Alter zu erwarten ist.« – Das könnte sich im Lauf der Zeit ja bessern, indes geht es dem König so, wie es oft Söhnen widerfährt, die den Beruf des Vaters erben: seine Arbeit gefällt ihm nicht. Richard Wagner stellt fest: »Einer unbegreiflich sinnlosen Erziehung ist es gelungen, in dem Jünglinge einen tiefgehenden, bis jetzt noch ganz unüberwindlich sich zeigenden Widerwillen gegen ernstliche Beschäftigung mit Staatsinteressen zu erwecken, welche er, verachtungsvoll gegen alle hierbei Beteiligten, ganz nur nach der vorgefundenen Routine durch die vorgefundenen Beamten, wie mit Ekel, abtun läßt.« Er zieht sich ins Gebirg zurück, erholt sich in Hohenschwangau, und schon im Oktober muß der Außenminister von der Pfordten »dringend bitten, daß der König jetzt seinem Berufe lebt, nicht bloß der Neigung«. Und der Theologe Ignaz von Döllinger bemerkt: »Our royal master lebt und webt fortwährend in den Reichen der Sage, der Poesie, Musik, des

»Ich, der König« trägt Ludwig, fasziniert von seiner Würde, in sein Tagebuch ein. Daß er, der König, seinen Herrscherpflichten nur sehr bedingt nachkam, beschwerte ihn nicht. Und den Ministern war's auch recht, solang er sie ungestört regieren ließ.

Das berühmteste Bild des jungen Königs, ölgemalt von Ferdinand Piloty. Es zeigt Ludwig in Generalsuniform und Krönungsmantel. Links oben unter dem bayerischen Königswappen die Inschrift »Ludovicus II. Bavariae Rex MDCCCLXV.«, zu deutsch: »Ludwig II. Bayerns König 1865.«

Folgende Doppelseite: Höhepunkt auf dem König-Ludwig-Weg: die Wieskirche, von den Kunstgeschichtlern als »reifste Frucht des schwäbisch-bayerischen Rokoko« gerühmt. Hell leuchtet sie aus dem Grün der Wiesen. Dominikus Zimmermann war ihr Architekt, sein Bruder Johann Baptist schuf die festliche Innenausstattung in Weiß und Gold, mit Schmuck und Stuck.

So lang dem Heer das
deutsche Banner weht,
Sei Der geehrt der es zuerst erhöht,
So lang der Bau des Reichs die
Zinne trägt,
Sei Dem gedankt, der treu den Grund gelegt,
Der mit der Krone Zier geschmückt das Dach
Und sprach: dem Kaiser huldigt Wittelsbach.
Heil dem
Ludwig
dem
Deutschen
Bayerns
Heil
edlem König

Nach dem Krieg gegen Frankreich zieht die siegreiche bayerische Armee am 16. Juli 1871, umjubelt von einer begeisterten Menschenmenge, in München ein. Der preußische Kronprinz reitet an ihrer Spitze. Ludwig nimmt den Vorbeimarsch, unfroh auf seinem Rappen sitzend, am Odeonsplatz ab.

Dramas... Von der übrigen Welt, von der Prosa des Lebens will er nichts wissen, möchte sich das alles möglichst ferne halten.«

Als der Krieg gegen Preußen – 1866 – vor der Türe steht, hält er sich mit einem Adjutanten und einem Reitknecht auf seiner Roseninsel auf, ist für niemanden zu sprechen und brennt kindische Feuerwerke ab. Zwischendurch lamentiert er über das »entsetzensvoll gräßliche Berufsleben, das oft geradezu zur Unerträglichkeit sich steigert«, und erwägt hin und wieder auch abzudanken. Seine politische Effizienz ist nicht so, daß er darüber großen Stolz empfinden könnte: 1866 verliert er, zusammen mit dem Deutschen Bund, den Krieg gegen die Preußen und muß mit dem siegreichen Feind ein geheimes Schutz- und Trutzbündnis abschließen; nach dem Deutsch-Französischen Krieg schreibt er, wider Willen und nach dem vergeblichen Versuch, der Sache durch Bettlägrigkeit, Gesichtsgeschwulst und Zahnweh zu entkommen, dem Preußenkönig Wilhelm I. den sogenannten »Kaiserbrief«, in welchem er ihn auffordert, doch bitte den Titel eines deutschen Kaisers anzunehmen, was die Aufgabe der meisten Souveränitätsrechte seines Landes zur Folge hat. Es hätte an der deutschen Geschichte nichts geändert, wenn der Brief ungeschrieben geblieben wäre. Dennoch war Ludwig tief verstimmt. »Wehe«, klagt er, »daß gerade ich zu solcher Zeit König sein mußte, selbst genötigt war und gerade im bayerischen Interesse, jene schmerzlichen Opfer zu bringen.«

Fortan entzieht er sich unter dem Motto: »Ein König muß niemals etwas!« seinen Regierungsaufgaben noch mehr, wendet sich ab von der »heillosen Außenwelt« und versenkt sich in ein ideales Phantasieambiente, das so beschaffen ist, wie es seinem majestätischen Herrschergefühl entspricht. Die Ideen vom absoluten Königtum der französischen Bourbonen werden zur Obsession, Ludwig XIV. und Ludwig XV. sind nicht nur seine Vor-

Kaiserbrief-Gedenkblatt für König Ludwig. Der Spruch von Paul Heyse in dem Bandgewurstel unten lautet: »Heil dem Erlauchten, heil ihm tausendtönig, Ludwig dem Deutschen, Bayerns edlem König.« Der König las das mit geringer Freude: »Ludwig den Deutschen« ließ er sich ungern nennen.

bilder und die ideale Verkörperung königlicher Macht und Opulenz, sie werden ihm zu Identifikationsfiguren. Auf seinen nächtlichen Ausflügen trägt er gern zum blausamtenen Königsornat, wie ihn Ludwig XIV. liebte, ein Samtbarett mit weißer Straußenfeder; kistenweise besitzt er Bücher über das französische Hofleben zu jener Zeit, im Hoftheater läßt er sich Stücke – eigens für ihn gedichtet und inszeniert – vorspielen, in denen »die Luft von Versailles« wehte. Sie wurden ihm in Separatvorstellungen dargeboten, die er allein oder mit ein paar auserlesenen Günstlingen genoß. 209 Separatvorstellungen für den König fanden zwischen 1872 und 1885 statt. Der Grund, warum Ludwig sie bestellte, war durchaus triftig »Ich kann keine Illusion im Theater haben«, sagte er, »solange die Leute mich unausgesetzt anstarren und mit ihren Operngläsern jede meiner Mienen verfolgen. Ich will selbst schauen, aber kein Schauobjekt für die Menge sein.« (Die gute Idee, den Zuschauerraum während der Vorführung abzudunkeln, hat sich erst in späteren Jahren durchgesetzt.)

Seine Schlösser Linderhof und Herrenchiemsee waren Huldigungen an die Bourbonenherrscher. Die lud er ein aus der Geisterwelt, wenn er allein dinierte, ließ Diners für drei und vier Personen zubereiten und servieren und plauderte, trank und schmauste hochgestimmt mit Madame Pompadour und Maintenon und ihren Königen. In diesen Stunden erfüllte sich sein Traum vom Gottesgnaden- und Königtum.

Besuch von Onkel Wilhelm. – Der preußische König Wilhelm I. in Hohenschwangau. In der Kutsche sitzt er zwischen dem König und der Königsmutter Marie, die ihn, ihren Vetter, innig schätzte. Ludwig dagegen mochte seinen Onkel nicht.

Folgende Doppelseite: Zunächst, lang ehe er sich für Herrenchiemsee entschied, hatte der König vor, sein bayerisches Versailles in Linderhof zu bauen. Zwischendurch stand auch die Insel Wörth im Staffelsee (im Bild) als Baugrund in der engeren Wahl. Doch daraus wurde nichts, weil der Besitzer seine Insel selbst behalten wollte.

Verlobung

DIR KANN KEIN WEIB WIDERSTEHEN

»Du bist ein glücklicher Mensch«, soll der alte König Ludwig I. seinem Enkel gesagt haben, »dir kann kein Weib widerstehen.« – In der Tat schwärmten die Damen sehr für den schönen jungen König, aber nur mit mäßigem Erfolg: mit Frauen hatte Ludwig, im Gegensatz zu seinem Großvater, der als bedeutender Liebhaber bekannt war, nur wenig im Sinn. Er konnte zwar galant und huldvoll sein zu ihnen, sie aufmerksam mit Blumen und anderen Gaben beschenken; recht viel mehr aber hatten sie von ihm weder zu erwarten noch zu befürchten.

Er flirtete mit einigen Schauspielerinnen, war der Kaiserin Elisabeth (Sissi) von Österreich zeitlebens in herzlicher Freundschaft zugetan, aber all das waren platonische Verhältnisse. »Nur psychische Liebe allein ist gestattet, die sinnliche dagegen verflucht«, notierte er in seinem Tagebuch.

Andererseits aber sollte, was ein rechter König ist, eine schöne Prinzessin heiraten und Kinder kriegen; das erwarten Volk und Staatsraison.

Schräg südwestlich vis-à-vis vom Schloß Berg steht ein anderes Schloß: Possenhofen am Starnberger See. Hier lebten der Onkel Herzog Max und seine Frau Ludovika, hierher kam Tochter Sissi zu Besuch, und hier war auch ihre jüngere Schwester zu Hause, Herzogin Sophie-Charlotte. (Heute enthält das Schloß bürgerlich-private Luxus-Eigentumswohnungen.)

Sophie war ein schönes Mädchen, zwei Jahre jünger als er, schlank, blond, hellblauäugig, liebte Wagnermusik, und so kam es, daß Ludwig sich mit ihr mehr und mehr befreundete, sie oft besuchte und schließlich im Januar 1867 nach einem Hofball etwas überstürzt beschloß, sie zu heiraten.

Ludwig bringt seiner Braut kostbare Geschenke mit, einmal, zum Anprobieren, auch die Königinnenkrone, läßt in der Residenz zu München Zimmer für sie tapezieren, verschwindet zwischendurch,

Ein großes Rosen-Rondell, in dem Tausende Rosenstöcke blühten, machte aus der »Fischerinsel Inner-Wörth« die Roseninsel. Hier hielt sich der König oft und gerne auf, hier traf er sich mit Kaiserin Elisabeth (Sissi) von Österreich, mit der ihn lebenslang eine herzliche Seelenfreundschaft verband.

allein, zur Wartburg, nach Paris oder auch bloß ins Theater, schickt freundlich leidenschaftslose Briefe: »Von allen Frauen, welche leben, bist Du mir die teuerste, von den Verwandten Wilhelm, von meinen Untertanen ist mir Künsberg einer der liebsten…«

Sie stickt, singt ihm mit kleiner Stimme Wagnerarien vor, bisweilen küßt er sie sogar, freilich nur auf die Stirn. Er weiß, daß dies Verhalten nicht das ganz übliche ist, doch er hat seine keuschen Grundsätze: »Bei den meisten jungen Leuten mischt sich Sinnlichkeit in ihre Neigung zum anderen Geschlecht; diese verdamme ich«, läßt er zu diesem Thema einmal

Die Roseninsel in der Feldafinger Bucht. König Max hatte sie im Jahr 1850 für 3000 Gulden einem Fischer abgekauft. Ludwig fuhr gern mit seinem Raddampfer »Tristan« von Berg zur Roseninsel, traf sich hier mit Freunden und gab Empfänge.

Dieses Schlößchen, im pompejanischen Stil, mit breitem Satteldach und Campanile, ließ Ludwigs Vater, König Max II., auf der Roseninsel bauen, für verträumte Aufenthalte in stiller Abgeschiedenheit. 1970 kaufte der bayerische Staat die Insel für 800 000 Mark den Wittelsbachern ab.

Kaiserin Elisabeth von Österreich stammte aus Possenhofen und verbrachte jeden Sommer einige Wochen in ihrer Heimat am Starnberger See. Sie war die Schwester von Ludwigs Braut Sophie und sehr empört, als Ludwig die Verlobung löste. »Es gibt«, schrieb sie ihrer Mutter, »keinen Ausdruck für ein solches Benehmen.«

seinen Minister von der Pfordten wissen und fühlt sich immer unbehaglicher beim Gedanken an die drohende Hochzeit. Mehrmals verschiebt er den Termin, vom 25. August (seinem Geburtstag) auf den 12. Oktober, an dem seine Eltern und Großeltern geheiratet haben; dann hält er den 12., dann den 28. November für geeigneter, gibt schließlich dem Dezember den Vorzug und hätte vermutlich noch länger so weitergemacht.

»Aber am 10. Oktober hat dann der König die Verlobung wieder gelöst«, berichtet der Schloßführer von Herren-

Zu früh gedruckt: das Gedenkblatt »Zur Vermählung Ihrer Majestäten«. Nach der Auflösung der Verlobung wurden diese Bilder eingestampft. Stücke, die zufällig erhalten blieben, gelten heute als bibliophile Raritäten.

Ein schönes Paar wären Sophie und Ludwig ja gewesen. Wahrscheinlich aber durfte die Herzogin froh sein, daß sie ihren keuschen königlichen Vetter nicht bekam. »Er liebt mich nicht, er spielt nur mit mir«, vermutete sie schon während ihrer Verlobungszeit.

chiemsee. »Weil die damals zukünftigen Schwiegereltern ham immer wieder Druck draufgesetzt, der König soll jetzt endlich heiraten. Also hat er nimmer wollen.«

Nun, der König hatte eigentlich schon lange nicht mehr wollen und war recht glücklich über das Ultimatum seines Schwiegervaters, der ihn vor die Wahl stellte: Entweder wird am 28. November geheiratet oder die Verlobung aufgelöst. – Freudig erzürnt wirft er Sophies Büste aus dem Fenster und schreibt seiner Braut: »Dein grausamer Vater reißt uns auseinander.« Kurz darauf fügt er der Nachricht einen Kommentar an: Es sei doch wohl mehr eine Art »treue, innige Bruderliebe«, die er für sie empfinde, »nicht aber die Liebe, die zur Vereinigung in der Ehe erforderlich ist«.

Aber, tröstet er die Braut galant, ganz aussichtslos sei die Lage dennoch nicht: »Solltest Du bis etwa in Jahresfrist niemanden gefunden haben, durch welchen Du glaubst, glücklicher zu werden als durch mich, sollte auch dieses bei mir der Fall sein, was ich nicht für ganz unmöglich halte, so könnten wir uns ja dann auf immer vereinigen, vorausgesetzt, daß Du dann noch Lust dazu hast.« – Sophie macht keinen Gebrauch von dem hoch-

»Vermaehlt am 28 November 1867«, liest man auf den Hochzeits-Erinnerungsmünzen. Auch Teller und Tassen mit den Porträts des Königs und seiner Herzogin wurden fabriziert, damit das Volk das hohe Datum nicht vergäße. Bisweilen werden solche Stücke heute auf Auktionen angeboten, für sehr viel Geld.

Vorhergehende Doppelseite: »Nicht symmetrisch, sondern durch Mannigfaltigkeit pittoresk« wünschte sich der König sein Schloß Neuschwanstein. Der Entwurf des Theatermalers Christian Jank aus dem Jahr 1869 wurde fast zur Gänze verwirklicht, bis auf eine wichtige Einzelheit: der Bergfried fehlt.

Herzogin Sophie Charlotte, die verlassene, verschmähte Königsbraut, durch die der König, wie er vermutete, »elend und namenlos unglücklich« geworden wäre. Sie wurde Herzogin von Alençon und kam 1897, beim Brand eines Wohltätigkeitsbasars in Paris, ums Leben.

herzigen Angebot, sondern heiratet noch innerhalb der vom König gesetzten Optionsfrist den Herzog Ferdinand von Alençon.

Der König aber fühlt sich erlöst. »Sophie abgeschrieben«, steht in seinem Tagebuch. »Das düstere Bild verweht; nach Freiheit verlangt mich, nach Freiheit dürstet mich, nach Aufleben von qualvollem Alp.« – Und an Richard Wagner schreibt er: »Oh, nun ist alles wieder gut! wie erstanden, genesen nach lebensgefährlicher Krankheit fühle ich mich, ... der Trauerflor, der über mir hing während der letzten Zeit, ist zerrissen...« – Das glückliche Ende einer Verlobung.

Ludwig als Schwanenritter in seiner Linderhofer Grotte. Das Bild ist nicht nach dem Leben gemalt. Ludwig ließ zwar seinen Flügeladjutanten Paul von Thurn und Taxis auf dem Alpsee als Lohengrin posieren. Daß er sich auch selber so maskierte, ist nicht überliefert.

Richard Wagner

GELIEBTER, HEILIGER!

Im April 1864, kaum auf den Thron gestiegen, schickt Ludwig seinen Kabinettssekretär Pfistermeister in die weite Welt: Er soll Richard Wagner suchen, der sich auf der Flucht vor seinen Gläubigern heimatlos zwischen Zürich, Wien und Stuttgart herumtreibt, dessen »Ring« und dessen »Meistersinger« unvollendet sind, dessen »Tristan« noch keine Bühne aufgeführt hat.

Pfistermeister findet ihn und bringt ihn am 4. Mai seinem König. Der König schenkt ihm seine Freundschaft, Huld, Bewunderung und Liebe, verspricht: »Die niedern Sorgen des Alltagslebens will ich von Ihrem Haupte auf immer verscheuchen«, kommt auch für die höheren Sorgen auf, befriedigt die zahllosen Gläubiger, schenkt Wagner ein Haus in der Brienner Straße, finanziert den unmäßigen Luxus, mit dem der Künstler sich umgibt, schreibt ihm enthusiastische Briefe: »Geliebter, Heiliger! Einem Funken bin ich gleich, der sich sehnt, in Ihrer Strahlensonne aufzugehen, von ihr beschienen zu werden…« (so etwas fiel ihm für seine Braut Sophie nie ein), und besingt Wagner in fast litaneiischen Tönen: »der einzige Quell meiner Freuden von meinem zarten Jünglingsalter an, mein Freund, der mir wie keiner zum Herzen sprach, mein bester Lehrer und Erzieher«.

Auch ein eigenes Theater will er für ihn bauen. Auf den Höhen des rechten Isarufers soll es stehen, nördlich des Maximilianeums. Der Entwurf stammt von dem berühmten Architekten Gottfried Semper. Eine Prachtstraße vom Hofgarten aus ist vorgesehen, die über eine neue Brücke zum Theater führt. Die Gestehungskosten werden auf sechs Millionen Gulden veranschlagt.

Das Kabinett aber und alle, die die Sparsamkeit für eine Tugend hielten, stellten sich dem Plan entgegen und sabotierten ihn, der König mußte schließlich drauf verzichten – und war so beleidigt, daß er die »unselige Stadt« fortan verbittert haßte, ihr entfloh, sooft er konnte, und mit seinen Schlössern das Gebirge schmückte.

Die Musik Wagners war durchaus populär in München, die Tristan-Uraufführung im Juni 1865 ein bedeutender Erfolg. Was das Volk, die Hofbeamten und Politiker, Adel, Klerus und die königliche

Karikatur auf den Verschwender Wagner. 17 Monate befand er sich in München und soll in dieser Zeit für sich persönlich aus der Hofkasse 99400 Gulden bezogen haben. Wobei er seinen König ohne bescheidene Zurückhaltung wissen ließ, wenn er neue Mittel brauchte. Ludwig blieb zeitlebens sein nobler Mäzen.

Familie verdroß, war Wagners Person, war seine Verschwendungssucht, die er sich ungeniert vom König finanzieren ließ, war sein wachsender Einfluß auf Ludwig, weit über die Belange des Musiktheaters hinaus, und sein Versuch, auch auf politische Entscheidungen einzuwirken.

So sieht der Minister von der Pfordten am 1. Dezember 1865 triftigen Anlaß, den König zu ermahnen: »Dieser Mann, der es wagt, zu behaupten, die in Treue erprobten Männer im Kgl. Kabinette genössen nicht die mindeste Achtung im bayerischen Volke, ist vielmehr seinerseits verachtet von allen Schichten des Volkes, in denen der Thron seine Stütze suchen muß und allein finden kann; verachtet nicht etwa wegen demokratischer Gesinnung, die ihm die Demokraten selbst absprechen [Wagner hatte sich 1849 am Dresdener Volksaufstand beteiligt], sondern wegen seiner Undankbarkeit und Verräterei an Gönnern und Freunden, wegen seiner übermütigen und liederlichen Schwelgerei und Verschwendung, wegen der Schamlosigkeit, mit der er die unverdiente Gnade Euerer Majestät ausbeutet... Der t.g. Unterzeichnete ist weit entfernt, die Begeisterung Euerer Majestät für die Kunst und Poesie zu

Das Münchner Wagner-Festspielhaus, das der berühmte Gottfried Semper bauen sollte, ist uns nur im Aquarell und als Modell überliefert. Über der Isar, südlich vom heutigen Friedensengel wäre es entstanden, wenn nicht Kabinett, Stadt und Landtag das Sechs-Millionen-Projekt hintertrieben hätten.

Der Meister spielt, der König lauscht entzückt. »Wer könnte«, fragte er den Gesangslehrer Julius Hey, »von dieser zauberhaften Märchendichtung, von dieser himmlischen Musik ungerührt bleiben?«

MVSISQVE
REDDITVM
MCMLXIII

Im Münchner »Königlichen Hof- und National-Theater« – 1944 zerbombt, 1963 wiedereröffnet – wurden der »Tristan« (1865), die »Meistersinger« (1868), das »Rheingold« (1869) und die »Walküre« (1870) uraufgeführt. Auch die berühmten »Separatvorstellungen«, speziell und allein für den König, fanden hier statt.

mißkennen oder zu unterschätzen. Aber er kann sich nicht von der allgemeinen Überzeugung trennen, daß diese Begeisterung von einem Unwürdigen ausgebeutet und mißbraucht wird.«

Das gibt dem König doch zu denken, und so vor die Wahl gestellt zwischen Volk und Komponist, entscheidet er sich – zumal da die Minister mit einhelligem Rücktritt drohen – fürs erstere: »Ich will meinem teuren Volke zeigen, daß sein Vertrauen, seine Liebe mir über alles geht.«

Am 10. Dezember 1865 verläßt Wagner die Stadt, zieht in die Schweiz, in die Luzerner Gegend, an den Vierwaldstätter See, zwar wütend, aber in wirtschaftlich komfortabler Ausstattung: König Ludwig mäzeniert ihn weiterhin großzügig mit 8000 Gulden Jahresgehalt.

Die Freundschaft währt auch auf die Ferne weiter. Man schreibt sich Briefe, der König besucht Wagner in der Schweiz, Wagner den König auf der Roseninsel und zur Münchner Meistersinger-Erstaufführung, bisweilen trübt sich das Verhältnis etwas, dann erwärmt sich's wieder, und als Wagner 1873 Geld benötigt, um sein Bayreuther Festspielhaus fertigzubauen, hilft ihm der König nach anfänglichem Zögern (denn seine eigenen Bauten verschlingen bereits mehr Geld, als er hat) wieder generös.

Am 13. Februar 1883 starb Richard Wagner, 69jährig, in Venedig. »Und wenn wir beide längst nicht mehr sind«, hatte ihm Ludwig einst geschrieben, »wird doch unser Werk noch der spätern Nachwelt als leuchtendes Vorbild dienen.« – »Unser Werk?« Der König hatte so unrecht nicht. Was wäre aus Wagner geworden, hätte ihn Ludwig nicht gefördert? »Den Künstler, um welchen jetzt die ganze Welt trauert«, sagte er stolz von sich, »habe ich zuerst erkannt und der Welt gerettet.«

Kunst und Gunst. Die erstere lieferte Richard Wagner, seine Gunst schenkte König Ludwig. Die Karikatur will das innige Verhältnis zum Ausdruck bringen, das zwischen dem König und dem Komponisten bestand.

München.

Königl. Hof- und National-Theater.

Samstag den 10. Juni 1865.
Außer Abonnement.
Zum ersten Male:

Tristan und Isolde

von

Richard Wagner.

Personen der Handlung:

Tristan	Herr Schnorr von Carolsfeld.
König Marke	Herr Zottmayer.
Isolde	Frau Schnorr von Carolsfeld.
Kurwenal	Herr Mitterwurzer.
Melot	Herr Heinrich.
Brangäne	Fräulein Deinet.
Ein Hirt	Herr Simons.
Ein Steuermann	Herr Hartmann.

Schiffsvolk. Ritter und Knappen. Isolde's Frauen.

Textbücher sind, das Stück zu 12 kr., an der Kasse zu haben.

Regie: Herr Sigl.

Neue Decorationen:

Im ersten Aufzuge: Zeltartiges Gemach auf dem Verdeck eines Seeschiffes, vom K. Hoftheatermaler Herrn Angelo Quaglio.
Im zweiten Aufzuge: Park vor Isolde's Gemach, vom K. Hoftheatermaler Herrn Döll.
Im dritten Aufzuge: Burg und Burghof, vom K. Hoftheatermaler Herrn Angelo Quaglio.

Neue Costüme
nach Angabe des K. Hoftheater-Costümiers Herrn Seitz.

Der erste Aufzug beginnt um sechs Uhr, der zweite nach halb acht Uhr, der dritte nach neun Uhr.

Preise der Plätze:

Eine Loge im I. und II. Rang	15 fl. — kr.	Eine Loge im IV. Rang	9 fl. — kr.
Ein Vorderplatz	2 fl. 24 kr.	Ein Vorderplatz	1 fl. 24 kr.
Ein Rückplatz	2 fl. — kr.	Ein Rückplatz	1 fl. 12 kr.
Eine Loge im III. Rang	12 fl. — kr.	Ein Galerienoble-Sitz	2 fl. 24 kr.
Ein Vorderplatz	2 fl. — kr.	Ein Parketsitz	2 fl. — kr.
Ein Rückplatz	1 fl. 36 kr.	Parterre	— fl. 48 kr.
		Galerie	— fl. 24 kr.

Heute sind alle bereits früher zur ersten Vorstellung von Tristan und Isolde gelösten Billets giltig.

Die Kasse wird um fünf Uhr geöffnet.

Anfang um sechs Uhr, Ende nach zehn Uhr.

Der freie Eintritt ist ohne alle Ausnahme aufgehoben und wird ohne Kassabillet Niemand eingelassen.

Repertoire:

Sonntag den 11. Juni: (Im K. Hof- und National-Theater) Martha, Oper von Flotow.
Montag den 12. „ : (Im K. Hof- und National-Theater) Elisabeth Charlotte, Schauspiel von Paul Heyse.
Dienstag den 13. „ : (Im K. Hof- und National-Theater) Mit aufgehobenem Abonnement: Zum ersten Male wiederholt: Tristan und Isolde, von Richard Wagner.
Donnerstag den 15. „ : (Im K. Hof- und National-Theater) Lalla Rookh, Oper von Felicien David.

Der einzelne Zettel kostet 2 kr. Druck von Dr. C. Wolf & [illegible]

Der Theaterzettel zur triumphalen Tristan-und-Isolde-Uraufführung am 10. Juni 1865 im Münchner Königlichen Hof- und Nationaltheater. Die Titelrollen sang das Ehepaar Ludwig und Malvine Schnorr von Carolsfeld.

Vorhergehende Doppelseite: Nächtliche Ausflüge, fern von den Staatsgeschäften und abseits der prosaischen Welt, liebte der König. Hier, auf dem Ölbild von R. Wenig (um 1880), sehen wir ihn auf seinem Prunkschlitten unterwegs zwischen Neuschwanstein und Schloß Linderhof. Der Schlitten steht heute im Marstallmuseum zu Nymphenburg.

Goldener Muschelkahn auf künstlichem See in künstlicher Tropfsteingrotte im Park des Schlosses Linderhof. Lakaien mußten den König rudern. Bunte Beleuchtungseffekte erfreuten das Gemüt des Königs. Blaues Licht bedeutete Capri, rotes die Venusgrotte im Hörselberg.

Der Rückzug

Euer Herrscher ist verschwunden!

Bisweilen soll er wirklich nett gewesen sein, der König, beschenkte seine Diener mit goldenen Uhren oder Siegelringen, streichelte Hirtenknaben übers Haar, führte schöne Gespräche mit berühmten Künstlern. Das Volk als solches aber, insbesondere wenn es in Scharen auftrat, fand er eher lästig. »Kann denn aber ein Volk seine Liebe zu seinem Könige nicht anders bezeigen, als daß es immer vor ihm herumkriecht und ›Hoch‹ dazu schreit?« fragte er und jammerte: »Ich kann es nicht mehr ertragen, mich von tausenden Menschen anstarren zu lassen, tausendmal zu lächeln und zu grüßen, Fragen an Menschen zu richten, die mich gar nichts angehen, und Antworten zu hören, die mich nicht interessieren.«

Das kann man ihm gut nachfühlen. Die Konsequenz freilich, die er daraus zog, entsprach monarchischen Manieren wenig: Er flüchtete sich in seine Jagdhäuser und Schlösser und »in die heilige Natur«, lebte seinen Schwärmereien und ließ sich

»Eines Tags erwachte München,
Wie es stets pflegt aufzuwachen,
Etwas dumpfen Haupts – es säumte
Noch, die Augen aufzumachen.

Horch, da scholl ihm in die Ohren
Donnernd eine solche Kunde,
Daß es schreckensbleich emporfuhr
In der selbigen Secunde.

›Baiern!‹ – hieß es – ›Euer Herrscher
Wird vermißt und ist verschwunden;
In diversen Schlössern hat man
Ihn gesucht und nicht gefunden.‹

Welche Nachricht! Hurtig eilte
Man zum Bier, um zu besprechen
Diesen Fall und mit Bekannten
Sich die Köpfe zu zerbrechen. …

Ist vielleicht in das Gebirge
Er entflohn, um zu erfrischen
Sein Gemüth und unter Hirten
Sich in Hirtentracht zu mischen?

Ob vielleicht in stille Wälder
Er entschlüpft ist, wo das Blasen
Seines Horns erfreut die Nymphen,
Aufschreckt den verliebten Hasen? …«

Dem Tag konnte der König nicht viel abgewinnen, tags schlief er, bei Nacht lebte er auf. Auf dem Ölbild von Ferdinand Leeke sieht man ihn, verträumt ins Weite blickend, vom zunehmenden Mond beschienen, auf dem Balkon seines Thronsaals in Neuschwanstein.

immer seltener zu öffentlichen Auftritten überreden. Die Münchner mußten sich daran gewöhnen, ihre Feste ohne König zu feiern. Zahnschmerzen, Katarrh und Unwohlsein hinderten ihn regelmäßig am Erscheinen.

1874 aber kam er überraschend doch zur Fronleichnamsprozession. Diese »Erscheinung Sr. Maj. des Königs, welcher sich hier in der Blüthe seiner männlichen Kraft und Schönheit gezeigt hat«, kommentierte die Presse, habe »den günstigsten und freudigsten Eindruck auf die ganze Volksmenge gemacht«. – Aber schon bald darauf verreiste er, ohne jemandem was zu sagen, und ließ sein Volk besorgt zurück. Er war, stellte sich hinterher heraus, in Paris gewesen.

Der Berliner »Kladderadatsch« veröffentlichte dazu ein Gedicht (s. S. 48); ja, die Preußen hatten leicht lachen: Ihr König war's ja nicht.

Der Bauherr

ALLE SEINE SCHLÖSSER

Drei Königsschlösser hat uns Ludwig II. hinterlassen. Das heißt: Nicht uns natürlich, nicht dem neugierigen, banalen Volk, das heute drin herumläuft. Wir sollten sie ja nicht einmal sehen mit unsern entweihenden Sudelblicken. Der König fühlte sich postum weit mehr belästigt als geehrt durch unseren Besuch, viel besser hätte ihm der Gedanke gefallen, die Schlösser würden nach seinem Tode in die Luft gesprengt.

Aber kaum war er gestorben, wurden ihre Tore, auf Anordnung des Prinzregenten, seines Nachfolgers, am 1. August 1886 zur allgemeinen Besichtigung geöffnet, so als hätte man auf nichts sehnlicher gewartet.

Seither strömen die Gäste aus aller Welt, einschließlich Übersee, herbei, um die Königsgebäude zu bewundern, 1,3 Millionen zählt man jährlich in Neuschwanstein, 780000 im Schloß Linderhof, 650000 kommen nach Herrenchiemsee, zum Segen für die Region, für die Wirte, Cafetiers, Parkplatzbesitzer, Kutschenfahrer, Souvenirverkäufer, Chiemseekapitäne, und zur Vermehrung des Weltruhms Bayerns.

Kein bayerischer König rentiert sich so wie Ludwig II., wer hätte das seinerzeit gedacht?

1869 fing er an, Schloß Linderhof zu bauen. 1870 begannen die Arbeiten am Schloß Neuschwanstein, 1878 legte er den Grundstein für sein Versaillesschloß im Chiemsee.

Die Schlösser sollten weder der Repräsentation und der Veranstaltung glanzvol-

Die bayerischen Königsschlösser – hier Schloß Linderhof – sind das ganze Jahr über geöffnet. Die Grotte in Linderhof, die Hundinghütte und den Maurischen Kiosk allerdings kann man nur im Sommer besuchen, und auch die Wasserspiele bleiben im Winter ausgeschaltet.

Dieses Bild ist ein historisches. Man erkennt das an der Schildmütze, die der Führer aufhat. Der moderne Schloßbegleiter trägt Bluejeans und hält seine Ansprache barhäuptig und in Hemdsärmeln. Malerischer wäre es schon, wenn man ihn in eine Livree verpackte, wie sie zu Ludwigs Zeiten üblich war.

ler Hoffeste noch, wie die Hinterlassenschaften anderer bausüchtiger Monarchen, dem königlichen Nachruhm dienen. Sie waren ihm Symbole eines idealen Königtums, Abbilder märchenhafter Welten einer herrlichen Vergangenheit, steinerne, goldfunkelnde Träume. Sie waren sein »Lebensglück« und auch sein Unglück. Für sie setzte er seine Freiheit und seinen Thron aufs Spiel – und hat beides verloren.

Er war ein besessener, rastloser Bauherr. Zahllose bayerische Kunsthandwerker mühten sich, die Wünsche ihres Königs zu erfüllen, schreinerten die Möbel und die Wandvertäfelungen, woben die Textilien, schmiedeten die Türbeschläge, kneteten die Porzellanfiguren, drechselten die Kronleuchter.

Hinter die Bauten hatte alles andere zurückzutreten. Sie durften »nicht mehr stocken«. Die Maler malten Tag und Nacht, fielen erschöpft von den Leitern und Gerüsten und holten sich dann detaillierte Mängelrügen und Befehle, wie sie ihre Bilder zu verbessern hätten. Ein Historiengemälde im Neuschwansteiner Wohnzimmer zeigt Lohengrins Ankunft in Antwerpen. Nachdem der König den Entwurf gesehen hatte, mußte der Künstler hören: »Seine Majestät wünschen, daß in dieser neuen Skizze das Schiff weiter

Herrenchiemsee war das teuerste der Ludwigsschlösser. 16,5 Millionen Mark – echte, gute Goldmark – waren bis 1885 ausgegeben. Auch preußisches Geld steckt darin: Zwischen 1873 und 1885 schickte Bismarck, dankbar für den Kaiserbrief, insgesamt fünf Millionen an Ludwigs private Kabinettskasse.

Blick von Neuschwanstein hinunter auf den Alpsee und das Schloß Hohenschwangau, das der König zwar von Jugend auf sehr innig liebte, das aber, wie er klagte, durch »die Prosa« seiner Mutter Marie, die den königlichen Höhenflügen nicht zu folgen vermochte, »entweiht« wurde.

entfernt vom Ufer ist, dann, daß die Kopfstellung Lohengrins nicht so schief ist, auch soll die Kette vom Schiff an den Schwan nicht aus Rosen, sondern aus Gold sein, und soll die Burg im mittelalterlichen Styl gehalten sein.« – Oder es kam ein Brief vom Königsvertrauten Hornig: »Leider ist die Türzeichnung des neuen Schlafzimmers wieder nicht nach Allerhöchstem Wunsche ausgefallen. Als Korrekturen geben Seine Majestät an: Im ganzen genommen sei sie nicht reich genug. Die Strahlen der Sonne nicht fein genug gemalt. Das Gesicht der Sonne habe nicht genug Ähnlichkeit mit jenen auf den Versailler Türen, namentlich wären die Haare nicht so wie dort geordnet. Um die Sonne herum befindet sich zuviel Weiß, überhaupt würde es reicher aussehen, wenn die Reliefverzierungen in Gold auf goldenem Grund geschnitzt würden…« – »Ebenso geschmacklos sei im Arbeitszimmer, daß der untere Teil desselben Goldverzierungen auf grünem Grunde habe, statt auf weißem; für solche Geschmacklosigkeiten existiere gar kein Ausdruck.« – »In dem früheren Eßzimmer hier hat Majestät genau bestimmt, daß Venus mit Amor obern Kamin und Venus und Bacchus obers Fenster kommen sollen, was jetzt gerade das Gegenteil ist, dies ärgert Majestät am allermeisten, weil dasselbe nicht mehr geändert werden kann.«

Alles pressierte schrecklich. Zeitüberschreitungen und Verstöße gegen die Pünktlichkeit brachten den König in Wut, stürzten die Künstler in Ungnade. Dann schrieb er seinem Hofsekretär: »Herr Maler Zimmermann hat versprochen, daß er das neue Bild sogleich beginnen wird, und daß er in sechs Wochen dasselbe fertig haben wird. Jetzt verlangt derselbe drei Monate dafür; Euer Hochwohlgeboren möchten ihm daher diese Arbeit nehmen und einem andern geben, der es in sechs Wochen, ohne überhudeln, gerade so schön macht.« Der König war ein Auftraggeber, der es verstand, seine Leute in Verzweiflung zu stürzen. Es muß

Neuschwanstein ist nicht die Kopie eines bestehenden Schlosses, sondern eine historistische Eigenschöpfung des Königs und seiner bühnenbilderfahrenen Architekten. Ein Tempel für Richard Wagner sollte das Schloß werden; Wagner hat es freilich nie gesehen.

Dießen am Ammersee ist berühmt für seine Zinnfiguren. Die Dießener versäumen selbstverständlich nicht, auch den König Ludwig in Zinn zu gießen, schön weiß-blau zu bemalen und als Souvenir zu verkaufen.

eine Lust gewesen sein, für ihn zu arbeiten.

31 Millionen haben die drei Schlösser verschlungen. 15 Millionen ungefähr bringen sie heute pro Jahr an Eintrittsgeldern ein.

Geöffnet sind sie jeden Tag, betretbar nur im Rahmen einer Führung. 6000, 8000, 10000 und mehr Besucher werden an Spitzentagen durch solch ein Schloß getrieben, durchkreuzen schnaubend, schneuzend, dampfend, schwitzend die konservatorischen Bemühungen der Schloßverwaltung und müssen durch kräftige Seile von den Vorhängen, Tapeten und Schnitzereien ferngehalten werden. Kostbare Möbel werden mit Plexiglas umgeben – »eingehaust« nennt man das im Fachjargon –, weil allzu viele Gäste sich nicht enthalten können, die Gegenstände einer Berührungsprobe zu unterziehen; denn der Mensch ist ein taktiles Wesen und somit der natürliche Feind antiker Kunstwerke. 20, 25, 30 Minuten lang dauert eine Schloßführung und versorgt die Gästeschar mit aufschlußreichen Informationen über die Baugeschichte, über die künstlerischen Meisterwerke, die hier gesammelt sind, und mit unanstößigen Details aus der königlichen Biographie. »Dieser Schreibtisch hier ist eine Nachbildung, das Original steht in Versailles. 15 verschiedene Edelhölzer san auf diesem Schreibtisch eingelegt. Intarsienarbeit ist dees. Es ist das wertvollste Stück im ganzen Schloß.« – »Und dieser Lüster hier aus echtem Meißener Porzellan, der unschätzbare Wert der ganzen Welt, der hat damals um die 80000 Goldmark gekostet.« – »Der Pfau ist aus Sèvresporzellan gemacht, in Lebensgröße dargestellt. Es gibt zwei solche Pfauen im Schloß, zu Lebzeiten des Königs standen sie unten im Erdgeschoß, und sobald Ludwig II. hierher kam, wurden diese Pfauen vor die Eingangstür gestellt, sie waren damals das Zeichen seiner Anwesenheit.« – »Die Psychiater haben gesagt, daß der König genauso geisteskrank sei wie sein Bruder. Dees war aber falsch und nur, daß der König schneller von der Regierung weggekommen ist.«

Wer dieses Bild 50 Zentimeter von seinem Gesicht entfernt hält, 30 Sekunden den weißen Punkt an Ludwigs Nase fixiert und dann gegen eine helle Wand blickt, sieht dort in voller Schönheit ein Porträt des Königs. So schmückt man sein Wohnzimmer aufs würdigste, ohne Löcher in die Mauer zu bohren.

Wer möchte nach einem Besuch der Ludwigsschlösser nicht wenigstens ein kleines Andenken nach Hause tragen? Die Schloßkioske und andere Geschäfte bieten vielerlei an: Teller, Tassen, Aschenbecher, Maßkrüge mit dem Porträt des Königs, auch Telefonkarten und T-Shirts mit Neuschwanstein oder Ludwig II. darauf.

Das Führungspersonal – beredte, königstreue Kräfte aus der näheren Umgebung, Frührentner, Studenten, Hausfrauen –, das zugleich auch Kassendienst- und Bodenreinigungsaufgaben wahrzunehmen hat, erhält den Text, den es vortragen soll, in groben Grundzügen von der Verwaltung, ist jedoch zur freien Formulierung seiner Reden berechtigt. Honoriert wird es kärglich und pflegt, wie man beobachten kann, leider auch vom Publikum nicht gradezu mit Trinkgeld überhäuft zu werden.

Freundlich »Auf Wiedersehn!« und »Schönen Tag noch!« murmelnd, steht der Führer neben dem Ausgang. »Danke«, »Grazie«, »Pfiagood«, »Bye Bye«, »Au revoir« und »Sayonara« antworten die Besucher, aber nur wenige fühlen sich veranlaßt, dem Mann eine Mark in die Hand zu drücken.

Der in solcher Situation behilfliche und tausendfach bewährte Trick, schon der Tete der Gästeschlange recht laut »O vielen Dank!« zuzurufen, so daß es auch die in der letzten Reihe hören und mit einer angemessenen Spende drauf reagieren können, gilt im Königsschlösserkreis als ziemlich unfein und wird von oberer Stelle nicht gebilligt.

Schloß Linderhof

Nach bescheidenen Dimensionen

Im Graswangtal, nahe bei Garmisch, beim Kloster Ettal und bei Oberammergau, hatte König Max II. eins seiner waldeinsamen Jagdquartiere, sein hölzernes sogenanntes »Königshäuschen«. Hier beschloß Ludwig in den Jahren 1868/69 dreierlei. Erstens: dies ist der Platz für ein »neues Versailles«; oder, zweitens, vielleicht doch lieber für einen »byzantinischen Palast«; beziehungsweise drittens für eine »königliche Villa«, bestehend aus einem »kleinen Pavillon« und einem »nicht zu großen Garten im Renaissancestil«, »alles nach bescheidenen Dimensionen«. Für sich selber, notierte der König, brauche er »nur drei etwas reicher und eleganter ausgestattete Zimmer«.

Neu-Versailles entstand später auf der Insel Herrenchiemsee. Der byzantinische Palast wurde niemals gebaut. Den Linderhofer Zuschlag erhielt der dritte Plan, die »königliche Villa«, die freilich, als der König schließlich einzog, nur mehr geringe Ähnlichkeit hatte mit dem, was ursprünglich vorgesehen war; der König hatte seine Ansprüche unterschätzt. Kaum waren das Arbeits-, Schlaf- und Speisezimmer an das Königshäuschen angebaut, wurde das Jagdhaus abgerissen, die Holzkonstruktion durch Stein ersetzt, ein Treppenhaus eingefügt; die Zahl der Zimmer in der ersten Etage wuchs, das Schlafzimmer desgleichen: alle paar Jahre ließ es der König vergrößern.

Schließlich, im Jahr 1878, wurde die Villa dennoch fertig, ein rokokoprächtiges Gebäude im überladenen Pompstil seiner französischen Vorbilder.

Das Publikum liebt nebst dem Schlaf-

Aus dem anfänglichen Plan einer »königlichen Villa nach bescheidenen Dimensionen« entwickelte sich das Schloß Linderhof. Es ist das kleinste von den drei Ludwigsschlössern und das einzige, das (1878) wirklich fertig wurde.

Der vom Hofgartendirektor Carl von Effner gestaltete, geometrisch angelegte französische Garten, der die unmittelbare Schloßumgebung bildet, enthält hübsche Wasserspiele, schattige Hecken und schön vergoldete Statuen und geht über in einen 500 000 Quadratmeter großen englischen Park.

Im königlichen Speisezimmer von Linderhof steht, ebenso wie auch in Herrenchiemsee, ein Tischleindeckdich. Mit Hilfe eines mächtigen Mechanismus kann der Tisch durch den Boden in die Küche versenkt und wieder nach oben gefahren werden. Übrigens keine Originalidee des Königs, sondern schon bei Ludwig XV. in Gebrauch.

Schlafzimmer in Linderhof mit Riesenbett für einen Riesenkönig: ein bombastischer Raum. 1872 wurde das Zimmer zum erstenmal fertiggestellt, zwei Jahre später – auf seine Schlafgemächer legte Ludwig ja stets den allergrößten Wert – mußte es erweitert werden, und 1885/86 wurde es wieder umgebaut.

Nach dem Bühnenbild der Walküre-Uraufführung von 1870 ließ Ludwig 1876 im Park von Linderhof die Hundinghütte bauen, jene germanische Wohnstatt, in welcher das tragische Geschick Siegmunds und Sieglindes unter stürmischen Orchesterklängen seinen Anfang nimmt.

zimmer (»Hier sehen Sie das Bett des Königs, zwei Meter 60 lang, 2,49 breit.«) und dem Spiegelsaal (»Wenn Sie sich hier hinstellen, haben Sie den Eindruck eines endlosen Ganges.«) insbesondere den Speiseraum. Denn hier steht – wie auch in Herrenchiemsee – ein Tischleindeckdich: ein Eßtisch, der durch den Boden in die Küche hinabgefahren werden konnte (woraufhin sich die Öffnung automatisch schloß), unten gedeckt wurde und dann samt den Speisen wieder nach oben kam – eine Technik, die dem König den störenden Anblick seines Personals ersparte. »Die Mechanik wäre noch funktionsfähig, sie wird aber leider nicht mehr vorgeführt«, erfahren wir vom Führer mit größtem Bedauern. Aber die Demonstration ist in der Tat nicht möglich; erstens ginge die Apparatur, alle zehn Minuten in Betrieb gesetzt, sehr schnell kaputt, zweitens war ihre Bedienung äußerst mühsam; was den König freilich nicht weiter bekümmerte.

20 Minuten währt die Schloßbesichtigung, dann folgt der Besuch der Tropfsteingrotte. »Die ist was ganz was Besonderes«, ruft der Führer, »denn alles, was Sie hier sehen, hat man künstlich angelegt. Die ganze Grotte besteht aus einem riesigen Eisengerüst, das wurde anschließend mit Zement und Muschelkalk überzogen. So hat das alles sein natürliches Aussehen erhalten.«

Der Besucher hört dies mit Anteilnahme, sein Forscherdrang aber treibt ihn,

1876 kaufte Ludwig aus zweiter Hand den »Maurischen Kiosk«. Er hatte vordem dem Eisenbahnbauunternehmer Barthel Heinrich Strousberg gehört, dessen Firma 1873 zusammengebrochen war. Der Kiosk, mit perlmutteingelegten Zinkgußwänden, vier Ecktürmchen und vergoldeter Mittelkuppel, steht im Park von Linderhof.

Orientalische Dekorationen aus farbig emailliertem Gußmetall, mit böhmischem Glas geschmückt, füllen den prächtigen Raum im »Maurischen Kiosk«. Das Hauptstück ist der »Pfauenthron« (rechts), den der König nachträglich einfügen ließ: ein von drei bunten Pfauen umgebener Diwan.

die Wahrheit der Erzählung experimentell zu überprüfen, also krümmt er den rechten Zeige- oder Mittelfingerknöchel und hämmert damit im Vorbeigehen gegen den Kunstfels. Der hohle Klang beweist: tatsächlich, der Stein ist nachgemacht. Geht man davon aus, daß, von vernachlässigenswert wenigen Desinteressenten abgesehen, jeder Gast im Durchschnitt dreimal und mit einem Kraftaufwand von 150 Gramm pro Schlag gegen den Beton pocht, dann hat die Felsenwand im Jahr eine Schlagwucht von 350000 Kilogramm, in drei Jahren somit von einer Megatonne auszuhalten; daß sie trotzdem noch nicht eingefallen ist, beweist: es handelt sich hier um ein Meisterwerk der Grottenmacherei.

Künstlich, jedoch aus echtem Wasser, ist auch der See in der Grotte, der eine Tiefe von drei Metern hat und mit einer Wellenmaschine ausgerüstet ist. Er sollte eigentlich zur Aufführung von Wagneropern dienen, als Landeplatz des Schwanenritters Lohengrin und Tummelpool der Rheingoldnixen. Leider erwies sich die Akustik als opernungeeignet, so unterblieben die Aufführungen, und der König ließ sich lieber selbst in einem vergoldeten Muschelkahn durch seine Höhle rudern, bei Rotlicht, dann befand er sich in der Grotte der Frau Venus, oder bei blauer Beleuchtung, dann ging die Fahrt durch die Grotte von Capri.

Morgenländisches Szenarium kann, wer weiterwandert durch den Park, im »Maurischen Kiosk« bewundern, und zum Abschluß des Linderhofbesuchs gilt es noch, in die Hundinghütte einzutreten, in der sich der König aufzuhalten pflegte, wenn ihm germanisch zumute war.

Wagnerfreunde wissen, was die Hundinghütte ist. Im ersten Walküre-Akt kommt sie vor, wo Siegmund seine Zwillingsschwester und Geliebte Sieglinde samt dem Wälsungenschwert Nothung dem tückischen Hunding entreißt. 1876 ließ Ludwig die Hütte bauen, 1945 fiel sie einer Brandstiftung zum Opfer. 1990 wurde sie wiedererrichtet und -eröffnet, eine Blockhütte am Ufer eines kleinen Teichs mit Fell-Lager und Feuerstelle und einer als Esche maskierten Buche in der Mitte. Ludwig »verbrachte in der Hundinghütte Mondscheinnächte mit Lesen und Meditation«, entnimmt man einem Anschlagzettel, den die Schloßverwaltung an die Hüttenwand geheftet hat. »Die gewaltigen Trinkhörner zeugen aber auch von sinnlichen Gelagen bei flackerndem Feuerschein.« Met saufend auf Bärenhäuten lagernd, hatten die Linderhofer Stallburschen und Lakaien ihrem König in »lebenden Bildern« uriges Germanenbrauchtum vorzuspielen.

Schloß Neuschwanstein

JA, NEUSCHWANSTEIN, STOLZE FESTE!

Das berühmteste und beim Besuchervolk geschätzteste unter den Ludwigsschlössern ist das Schloß Neuschwanstein. So, im romanischen »echten Styl der alten deutschen Ritterburgen« erbaut, schneeweiß auf einem steilen Felsen vor dem malerischen Hintergrund der Berge, sieht es genauso aus, wie man sich die Behausung eines Märchenkönigs vorstellt. Der freilich war selten daheim, nur 172 Tage hat König Ludwig hier gelebt.

Von 1869 bis 1886 hat er an diesem Schloß gebaut, »an jener Stelle, wo einst die Burgen Vorder- und Hinterhohenschwangau ihre Zinnen erhoben«. – »In jeder Beziehung schöner und wohnlicher wird diese Burg werden als das untere Hohenschwangau, das jährlich durch die Prosa meiner Mutter entweiht wird«, schrieb der König an Richard Wagner.

Neuschwanstein, öfter als jedes andere Schloß auf Maßkrügen, T-Shirts, Stocknägeln, Aschenbechern, Tellern, Tassen, Aufklebstickern abgebildet, ist Deutschlands meistbesuchte Burg, meistfotografiertes Gebäude und weltbekannter als Versailles. Jeder amerikanische Tourist kennt es wenigstens aus Disneyland. 1,3 Millionen Besucher schauen es jedes Jahr leibhaftig an.

Bis zu 12000 sind's manchmal an besonders schlimmen Sommerferienwochenenden an einem einzigen Tag, warten zwei Stunden oder auch drei, wendeln sich geduldig auf einer engen Treppe in den zweiten Stock empor und schließen sich an eine der beiden Schlangen an. Links stehen die Gäste aus Japan, China, Frankreich, USA, rechts harrt das deutsche Volk.

Deutsche Führung alle 20, englische alle 25, französische alle 25 Minuten, steht angeschrieben. Das Gittertor, von einem Wärter sorgfältig bewacht, ist noch geschlossen, aber bald wird es aufgehen. Ein mitgebrachtes Kleinkind bekommt Streit mit den Großeltern; es will nicht zum König, aber es muß.

Vorn am Kopf der Deutschschlange kommt Bewegung auf. Das Gitter öffnet sich, 60 Personen maximal dürfen auf einen Schwung hinein.

Eine junge Dame heißt uns willkommen und bedauert, daß das Schloß Neuschwanstein (das zu Königs Zeiten noch »Neue Burg Hohenschwangau« hieß) trotz 17 Jahren Bauzeit nur zu einem Drittel fertig wurde.

17 Jahre, das stimmt übrigens nicht ganz. Es waren ein paar mehr, denn die Arbeiten wurden nach dem Tod des Königs nicht gleich gänzlich eingestellt; einiges Dringliche war noch ungetan. Von 1868 bis 1892 wurden die Wohnräume fertig ausgestattet »und die Kemenate und der Ritterbau in ihrer äußeren Erscheinung soweit ausgebaut, daß die Gesamtanlage einen, durch den Verzicht auf Architektur-Plastik im Äußeren zwar etwas nüchternen, aber in sich geschlossenen Eindruck vermitteln konnte«. Auf den geplanten Bergfried, der die ganze Baugruppe überragen sollte – das wäre der hohe Turm am Ende des linken Bilddrittels in der Entwurfszeichnung auf Seite 38/39 – mußte verzichtet werden. Schade, er hätte sich gut in das Bild des Märchenschlosses eingefügt.

Das Schloß entspricht, erfahren wir, der spätromanischen Art der Stauferzeit, oder dem, was sich das 19. Jahrhundert, der König Ludwig und sein Theatermaler Christian Jank darunter vorstellten: »So wie die Alten ihre Burg gebaut hätten.«

Wir eilen vorüber an einigen mehrbettigen Dienerzimmern, müssen 63 Stufen

Vorhergehende Doppelseite: Der Herbst ist bereits angebrochen, lang wird der Forggensee (mit Neuschwanstein im Hintergrund) nicht mehr so schön sein. Er ist ein Stausee des Lechs, wird im Herbst entleert, füllt sich im Frühjahr langsam wieder und erreicht im Juni seinen normalen Wasserstand.

Neuschwanstein – hier von Süden aus gesehen – steht 1008 Meter überm Meer und 200 Meter über dem Tal auf einem Felsen. Der Weg von Schwangau her, etwa zweieinhalb Kilometer lang, kann zu Fuß, in Bussen oder in Pferdedroschken zurückgelegt werden.

Das königliche Arbeitszimmer im dritten Stock des Neuschwansteiner Schlosses, mit reichbeschnitzter Eichenholzvertäfelung. Die Wandgemälde zeigen Szenenbilder aus der Tannhäusersage. Im Bild rechts über dem Schrank hält sich Tannhäuser, umflattert von mehreren Amoretten, bei Frau Venus auf.

steigen und befinden uns im feierlichen, weihevollen Thronsaal. Byzantinischer Stil, hören wir, Mosaikboden mit ornamentalen Motiven und Pflanzen- und Tierdarstellungen, Malereien auf 24 Karat Blattgold und hochinteressant das Bild vom heiligen Drachentöter Georg mit der Burg Falkenstein im Hintergrund; die gibt es nämlich gar nicht, der König hatte vor, sie als nächste zu erbauen, kam nur nicht mehr dazu. Säulen und Bogengänge umgeben den Saal. Engel, Gesetzgeber, Apostel und sechs heiliggesprochene Könige blicken mild von den Wänden auf uns nieder.

»Der Lüster in Form einer byzantinischen Kaiserkrone wiegt eine Tonne.« Vorsichtig gehen wir nicht drunter durch, sondern außenherum. Marmorstufen führen zur Thronapsis, aber niemals hat der König hier gesessen; das ging schon deshalb nicht, weil der Thronstuhl aus Gold und Elfenbein nicht mehr geliefert wurde. Zwei Dienerräume folgen, dann das königliche Schlafzimmer in spätgotisch. An die Baldachine haben 14 Mei-

Thronsaal (im Bild) und Sängersaal sind die Herzstücke des Schlosses Neuschwanstein. Der Thron freilich wurde nicht mehr angefertigt. An der Apsiswand: Jesus als Himmelskönig mit Maria und Johannes dem Täufer. Darunter, unter Palmen, die sechs heiligen Könige. Im Vordergrund der byzantinische Leuchter aus vergoldetem Messing.

Man kann die Ludwigsschlösser als Erziehungsstätten für die bayerischen Kunsthandwerker sehen. Der König stellte höchste Qualitätsanforderungen und begutachtete jedes einzelne Stück persönlich. Im Bild: ein Türbeschlag aus dem Ankleidezimmer des Königs.

ster viereinhalb Jahre lang hingeschnitzt.

Wir stehen im Wohnzimmer herum, bewundern den mindestens ein dutzendmal an die Wand gemalten Lohengrin, Elsa von Brabant und auch den Schwan, den königlichen Lieblingsvogel, der uns auf zahlreichen Kissen, Polstern und Tischdecken begegnet. Das Arbeitszimmer, das Richard Wagners »Tannhäuser« gewidmet ist, betreten wir durch eine Tropfsteingrotte – eine weit kleinere als in Linderhof – mit künstlichen Stalagmiten und Stalaktiten und wahlweise rosarotem oder blauem Licht. Früher enthielt die Grotte nebst einem goldenen Mond auch noch einen Wasserfall; ihn hat bedauerlicherweise inzwischen jemand zugedreht. Auch über eine der Schloßtreppen wollte der König gern einen Katarakt hinuntertosen lassen. Den aber haben ihm seine Berater, die größere Überschwemmungen befürchteten, mühsam ausgeredet.

Das maurische Element ist auf Neuschwanstein nur in bescheidenem Maß vertreten: durch einen türkischen Springbrunnen im Wintergarten; ein maurischer Saal war zwar geplant, wurde jedoch nicht mehr ausgeführt.

Noch einmal 32 Stufen führen hinauf in den vierten Stock, zum Sängersaal, dessen Vorbild der Saal der Wartburg war, der Schauplatz des legendären Sängerwettstreits. Wandgemälde mit Parzivalszenen verschönern ihn.

»Anlage sowie Inneres«, lobt ein Reiseführer aus dem Jahr 1894, »sind außerordentlich schön u. erregen den Beifall auch der hartgesottensten Kritiker.« – So wollen auch wir angesichts des Neuschwansteinschlosses nicht »Historismus!« oder gar »Kitsch!« rufen, sondern

Die Räume der königlichen Schlösser – hier in Neuschwanstein – blieben leer. Höfisches Leben haben sie nie gesehen. Nur der einsame, menschenscheue König lustwandelte hier und träumte seine Träume vom absoluten Herrschertum.

uns lieber der Frage zuwenden, die die Schloßbesucherschaft heftig bewegt: Was hat das Schloß Neuschwanstein gekostet? – 6,2 Millionen Mark.

Und wieviel trägt es jährlich ein? – 7,8 Millionen.

Das ist, denkt man als Immobiliensachunverständiger, eine Bilanz, die positiver schwerlich sein könnte, auch wenn man die damalige Summe durch beschwerliche Multiplikationen mit dem Warenkorb von heute auf neuere Verhältnisse umrechnen würde.

Die Schlösserverwaltung teilt diese Meinung freilich nicht und legt großen Wert drauf zu betonen, daß die Finanzrealität ein wenig anders aussieht. Wenn man Neuschwanstein isoliert betrachte – was man nicht dürfe, weil die Einkünfte keineswegs dem Schloß, sondern dem allgemeinen Staatshaushalt zuflössen –, wenn man es aber dennoch tue und weder den Kapitaleinsatz, den Grundstückswert noch die Baukosten amortisiert wissen wolle, »dann ist Neuschwanstein sozusagen ein Selbstläufer«, dann übertreffen die Einnahmen in der Tat die Ausgaben, jedoch nur geringfügig, denn der Personal- und Bauerhaltungsaufwand sei ungeheuer hoch, was folgende Beispiele

Szenen aus der Parzivalssage sind an die Wände des Sängersaals gemalt. Hier sehen wir Parzival Abschied nehmen von seiner Mutter Herzeloide, mit dem Roten Ritter kämpfen, Kondwiramur heiraten und – auf dem Foto im Vordergrund – dem Einsiedler Trevrezent lauschen, der ihn in die Geheimnisse des Grals einweiht.

Von Ferdinand Piloty stammt dieses Fresko am Tribünengang des Sängersaals. Es zeigt »Gawans Hochzeitsfeier mit Orgelusen«. Gawan ist einer der Haupthelden in Wolfram von Eschenbachs »Parzival«, der stärkste unter den Rittern der Artus-Tafelrunde.

Wenn sich's irgendwo auf der Welt darum handelt, in einem Freizeitpark zur Freude des Publikums eine möglichst typische Ritterburg zu bauen, wird als Vorbild Neuschwanstein gewählt. So auch in Disneyland; hier wurde daraus das »Sleeping Beauty Castle«, das Dornröschenschloß.

zeigen: »Der unterhalb der ›Kemenate‹ abfallende Felsberg mußte 1977 für eine halbe Million DM saniert werden. Rd. 640000 DM betrugen die Kosten für die Erneuerung der Marienbrücke über die Pöllatschlucht. Für die Erneuerung von Kupferblech-Dachabdeckungen auf den Schloßgebäuden wurden rd. 2,1 Mio DM aufgewendet. Neben laufend notwendigen Restaurierungsmaßnahmen an der Ausstattung werden weitere Mittel für den Feuerschutz sowie für Maßnahmen zur Verbesserung des Führungsbetriebes bereitgestellt. Durch Abteufen eines Treppenhauses und die Anlage eines Felsenstollens wurde ein notwendiger weiterer Besucherausgang geschaffen. Bisher wendete die Bayerische Schlösserverwaltung rd. 5,8 Mio DM für diese Baumaßnahmen auf. Weitere Maßnahmen mit geschätzten Kosten von 7 Mio DM stehen noch an.«

Das will uns zeigen: Auch ein gutgehendes König-Ludwig-Schloß enthebt seinen Besitzer – wie wir's ja schon am König sehen – keineswegs aller Sorgen.

König Ludwig, nicht etwa bei einem Schwertduell, sondern als Großmeister des Ritterordens vom Heiligen Georg. Die prunkvollen Ordensfeste, bei denen die Georgsritter malerisch kostümiert pompöses mittelalterliches Zeremoniell und feierliche Bräuche pflegten, waren nach dem Geschmack des Königs.

Vorhergehende Doppelseite: Schloß Herrenchiemsee. Im Hintergrund die kleine Kraut- und die idyllische Fraueninsel mit dem Chiemseewahrzeichen, dem wuchtigen Turm der Benediktinerinnenabtei. Das Bild zeigt die Gartenanlagen, wie sie in den letzten Jahrzehnten ausgesehen haben, als die Gartenteiche noch durch pflegeleichte Rasenflächen ersetzt waren.

650 000 Besucher finden sich pro Jahr im Schloß Herrenchiemsee ein; 140 000 von ihnen gehen außerdem auch noch ins König-Ludwig-II.-Museum. Die meisten Gäste kommen im Juli und August. Wer eine intimere Atmosphäre wünscht, der sollte einen Wintertag zur Schloßbesichtigung wählen.

Die »Gesandtentreppe«, »Escalier des Ambassadeurs«, im originalen Versailler Schloß wurde schon 1752 abgebrochen. Ludwig ließ sie in Herrenchiemsee nach historischen Ansichten und Beschreibungen rekonstruieren. Die vergoldete Kuppel ersetzte er durch ein Glasdach, durch das Sonne, Mond und Sterne scheinen können.

Herrenchiemsee

Ein Schloss für zehn Tage

Zum Schloß Herrenchiemsee fährt man auf der Salzburger Autobahn bis zur Ausfahrt Bernau, dann nach Prien-Stock; das sind von München aus rund 90 Kilometer. Von hier bringt einen ein Chiemseeschiff in einer Viertelstunde zur Herreninsel. Dann geht man 20 Minuten, erst ein Stück bergauf zum Schloßhotel, nun durch den Biergarten, vorbei an der Inseldomruine, auf einem Wiesen- und Waldweg und steht schließlich vorm letzten, größten und mit 16,6 Millionen teuersten der Ludwigsschlösser, das aussieht wie Versailles, respektive wie halb Versailles. Die Seitenflügel fehlen, der rechte wurde nie gebaut, der linke stand bereits im Rohbau da, ihn hat man 1907 wieder abgerissen.

Führer geleiten die Besucher, in Achtzigergruppen sortiert, durchs Vestibül, durchs Treppenhaus und den Hartschiersaal ins erste Vorzimmer, zweite Vorzimmer, ins Paradeschlafzimmer, in dem niemals jemand geschlafen hat. Es ist auch weniger zum Übernachten da als ein Denkmal für Ludwig XIV.; eine Kopie

des Saales, in dem der Bourbone frühmorgens die erste und spätabends die letzte Audienz des Tages hielt. 30 fleißige Frauen, hören wir, stickten sieben Jahre an der Bettdecke. Das Schloß hat 70 Räume, 50 davon befinden sich im Rohbau. Es gibt hier kein elektrisches Licht, nur einige Steckdosen für die Staubsauger. 1873 kaufte der König die Insel, um die Bäume vor der Abholzung zu bewahren, 1878 wurde der Schloßgrundstein gelegt. Zehn Tage hat Ludwig, im September 1885, hier gewohnt.

Am berühmtesten ist die Große Spiegelgalerie. 98 Meter ist sie lang, sagt der Führer stolz, 44 Kandelaber stehen und 33 Lüster hängen da, früher fanden hier bei Kerzenlicht Konzerte statt; sie wurden abgeschafft, weil der Rauch den ganzen Plafond verschmutzte.

»Das gesamte Schloß ist mit 22 Karat vergoldet, nicht mehr als viereinhalb Kilo Gold wurde dafür verbraucht.« – »Bloß?« – »Ja, das ist doch eigentlich sehr wenig.«

Es ist nicht große, hohe Kunst, die man hier bewundert, wohl aber meisterliches, treues Kunstgewerbe, und es ist, wie in den andern Ludwigsschlössern auch, weniger die erlesene Schönheit, die einen fesselt, als der phantastische, überschwengliche Prunk, welcher sich hier entfaltet.

Ein schwerer Baldachin umgibt das zwei Meter dreißig lange goldene Königsbett. Eine goldene Balustrade säumt es, davor liegt auf einem vergoldeten Ständer, an dem sich goldene Putten räkeln, eine luftballongroße blaue Kugel. »Diese

Der Spiegelsaal von Herrenchiemsee, 1879 bis 1881 ausgeführt, der sich über die ganze Gartenfront erstreckt, übertrifft mit 98 Metern das Versailler Vorbild an Länge. Früher fanden hier im Licht von 1848 Kerzen nächtliche Konzerte statt. 25 Bedienstete brauchten eine halbe Stunde, um die Kerzen anzuzünden.

Schon sechs Wochen nach Ludwigs Tod wurden die Königsschlösser dem Publikum zur Besichtigung geöffnet, ganz gegen die Intentionen ihres Bauherrn, der sie als heilige Kult- und Weihestätten dem neugierigen Blick der Öffentlichkeit vorenthalten wollte.

Kugel«, wird uns erläutert, »ist ein Beleuchtungskörper. Da brannte innen eine Flamme, und die Kugel verbreitete blaues Licht im Raum. Blau, Königsblau war ja die Lieblingsfarbe des Königs.«

Vom Ankleidezimmer führt eine Treppe ins Erdgeschoß hinab; hier befand sich die Hofküche, und hier hatte Ludwig seinen Swimmingpool, marmorn, rund, beheizbar, mit siebeneinhalb Metern Durchmesser, ein Meter siebzig tief. »Der König hat ihn aber nie benutzen können, weil dieses Schloß ja bis zu seinem Tod eine Baustelle war.«

35 Minuten dauert die Führung. Dann hat man noch Gelegenheit, unbegleitet das König-Ludwig-II.-Museum zu besichtigen.

20 Minuten lang hat man zu gehen von der Herrenchiemseer Schiffsanlegestelle bis zum Schloß. Der Weg ist hübsch. Wer aber schlecht zu Fuß ist oder müde oder einfach faul, kann's auch bequemer haben und sich zweispännig im Pferdefuhrwerk befördern lassen.

Der Beratungssaal. Niemals hat sich hier jemand beraten. Das Schloß Herrenchiemsee sollte ja auch nicht als funktionierende Residenz dienen, es war das – völlig zweckfreie – Denkmal des absoluten Königtums, dem die Phantasien Ludwigs galten. Das Gemälde an der Wand stellt Ludwig XIV. dar.

Unentwegt, sommertäglich von 9 bis 17 Uhr, im Winter, falls der See nicht zugefroren ist, zwischen 10 und 16 Uhr bringen die Chiemsee-Ausflugsschiffe neue Besucherscharen, die sich an der Pracht des Königsschlosses erfreuen wollen. Die Seefahrt von Prien zur Insel dauert eine Viertelstunde.

Ludwigs filetgesticktes Taufkleid sieht man darin, seine und seines Bruders Kinderbüste, den bayerischen Königskrönungsmantel, Gegenstände, die er liebte: ein Gebetbuch, einen Weihwasserkessel, goldenes Mobiliar; Bilder aus seiner – im Zweiten Weltkrieg zerstörten – Wohnung im dritten Stock der Residenz, Modelle und Pläne seiner unausgeführten Schlösserprojekte. Auch seine Totenmaske liegt da und der gipserne Abguß einer Hand. Auf Tafeln liest man Mitteilungen aus seiner Biographie: »Krankhaftes Mißtrauen, hohe Reizbarkeit treten hervor«, »übermäßiger Genuß von Naschwerk hat seine Zähne ruiniert«, und daß seine Braut Sophie, und das auch noch während der Verlobungszeit, »eine geheimgebliebene Romanze« mit dem Sohn des Hoffotografen Hanfstaengl hatte.

Sogar ein Dichter war der König Ludwig II., wenn auch kein sonderlich guter. Als ihm die Kaiserin Elisabeth einen gereimten Brief geschrieben hatte, bedankte er sich artig:

»Der Möve Gruß vom fernen Strand
zu Adlers Horst den Weg wohl fand.
Er trug auf leisem Fittigschwung
der alten Zeit Erinnerung.«

Der König hatte es gut: er fuhr in der Kutsche zu seinem Jagdschloß auf den Schachen. Heutige Besucher müssen sich einer mehrstündigen, nicht unbeschwerlichen Fußwanderung unterziehen. Nur 6700 Touristen pro Jahr können sich dazu entschließen.

Jagdschloß Schachen

KALIF LUDWIG

Da sieht man, wie bequem die Menschen sind: 1,3 Millionen Besucher finden sich pro Jahr in Neuschwanstein ein, im Jagdschloß Schachen aber zählt man gerade 6700. Nicht weil es den Touristen nicht gefiele, nicht weil sie sich nicht dafür interessierten, sondern weil es 1866 Meter hoch gelegen ist, weil keine Bahn, kein Sessellift und keine öffentliche Autostraße hinaufführt, weil man, um hinzukommen, von Garmisch-Partenkirchen oder von Elmau drei, vier, fünf Stunden wandern muß, aufwärts noch dazu. Mit soviel Mühsal konfrontiert, kapitulieren auch rüstige König-Ludwig-Bewunderer, sagen sich: alles müssen wir auch nicht gesehen haben, und bleiben im kommoden Tale.

1866 Meter überm Meer liegt das Jagdschloß Schachen. Der König ließ es in den Jahren 1869 bis 1871 bauen. Er benutzte es übrigens nicht, um zu jagen – die Jagd verabscheute er –, sondern, wie alle seine Gebirgsdomizile, um sich zurückzuziehen in die »wonnige Einsamkeit«.

Exzessive Sportler radeln mit dem Mountain-Bike hinauf – was allerdings nicht gern gesehen wird; der Förster und die Herren von der Schlösser- und Seenverwaltung bezwingen die Strecke im Unimog und erzählen, die Reise dauere eine Stunde und sei holprig und wenig komfortabel.

Auch der König dachte nicht daran, einen so anstrengenden Fußmarsch zu unternehmen, er ließ sich, mit Vorliebe an seinem Geburtstag, in einer Kutsche hinaufbefördern.

Das »Jagdschloß nebst Küche und Pferdestallung« fiel ihm im Jahr 1869 ein. Es war preiswert, kostete samt Reit- und Kutschweg nur 11 000 Gulden, war schon im Jahr drauf fertig und wurde 1871 nochmals erweitert.

Von außen sieht es freundlich bescheiden aus: eine verspielte Berghütte mit hölzernen Fensterläden, kunstgesägtem Balkongeländer, mit Parterre und erstem Stock. Während die unteren Räume: Schlafzimmer, Arbeits- und Speisezimmer, alpine Genügsamkeit ausstrahlen, sieht es in der ersten Etage durchaus anders aus. Sie wird zur Gänze von einem »maurischen Saal« eingenommen, den der König nach dem Vorbild türkischer Paläste gestalten ließ. Kostbare orientalische Pracht entfaltet sich hier, ein Springbrunnen plätschert, edle Teppiche bedecken den Boden, vergoldete Schnitzereien, luxuriöse Diwane, üppige weiche Pfühle und Polsterbänke, emaillierte Vasen, prunkvolle Lüster verbreiten Tausendundeinenachtatmosphäre, in der sich der König als Kalif und Sultan, Scheich, Emir und Herr über alle Muselmanen fühlen und pittoreske Happenings veranstalten konnte.

Luise von Kobell, die Frau des Kabinettssekretärs Eisenhart, berichtet in ihren Erinnerungen: »Hier saß in türkischer Tracht Ludwig II. lesend, während der Troß seiner Dienerschaft als Moslems gekleidet, auf Teppichen und Kissen herumlagerte, Tabak rauchend und Mokka schlürfend, wie der königliche Herr befohlen hatte, der dann häufig überlegen lächelnd die Blicke über den Rand des Buches hinweg auf die stilvolle Gruppe schweifen ließ. Dabei dufteten Räucherpfannen und wurden große Pfauenfächer durch die Luft geschwenkt, um die Illusion täuschender zu machen.«

Das Schachenhaus war das erste der königlichen Orientgebäude. Später, 1876, erstand Ludwig aus der Konkursmasse des böhmischen Eisenbahnkönigs Strousberg den »Maurischen Kiosk« und schmückte damit den Park seines Schlosses Linderhof. Zwei Jahre drauf folgte, frisch von der Pariser Weltausstellung, das »Marokkanische Haus«, ebenfalls für Linderhof. 1886, als der König gestorben war, wurde es nach Oberammergau verkauft, inzwischen aber von der Schlösserverwaltung reumütig wieder zurückerworben. In der Münchner Residenz besaß er einen indisch-orientalischen Wintergarten. Ein weiterer »Maurischer Saal«, den er für Neuschwanstein vorgesehen hatte, wurde nicht mehr gebaut, ebensowenig der chinesische Palast, der am Plansee in Tirol entstehen sollte.

Die Orientbesessenheit des Königs scheint uns Heutigen verrückter, als sie damals war. Die malerische Pracht der fremden Welt entzündete nicht nur Ludwigs Phantasie, Orient war Mode in Europa.

Ludwig ließ seinen maurischen Schachensaal nach Fotografien gestalten. Er war niemals im Orient gewesen – so wenig wie auf Capri – und hatte auch nicht vor, solche Reisen zu unternehmen. An Realität lag ihm nichts, er schuf sich – ein Verfahren, für das ja durchaus manches spricht – seine Traumwelt selber, in der eigenen Umgebung.

Für den Orient – die große Mode seiner Zeit – begeisterte sich der König seit der Pariser Weltausstellung 1867. Das Jagdhaus Schachen war sein erster Versuch im orientalischen Stil. Der »maurische Saal« nimmt das gesamte Obergeschoß des Schachenhauses ein.

Schloß Berg

Berg-Einsamkeit

»Schloss Berg in schönem Parke, nahe dem See gelegen, war wegen seiner abgeschiedenen Lage und träumerischen Einsamkeit ein Lieblingssitz des verstorbenen Königs Ludwig II.«, steht in Amthors »Führer durch das Bayerische Hochland« vom Jahr 1894. »Und gar oft kehrte der höchstselige Monarch, von der märchenhaften Pracht seiner neugebauten Schlösser Linderhof, Neuschwanstein und Herrenchiemsee zurück in dieses, gegen jene bescheidene Räume bildende Schlösschen, in welchem er seine schönsten, den Musen gewidmeten ersten Jahre der Regierung verlebt hatte.« – »Eintritt täglich mit Ausnahme des Sonntags und des 13. Juni. Die Eintrittskarten (50 Pf.) sind beim Eingange rechts zu lösen«, erfahren wir des weiteren. Diese Nachricht ist leider überholt. Das Schloß, wittelsbacherisch bewohnt, kann nicht besucht, ja vom Land aus nicht einmal gesehen werden; nur vom Rundfahrtschiff aus erblickt man es kurz.

Berg zählt nicht zu den König-Ludwig-Schlössern im engeren Sinn. Die Grundanlage stammt aus dem 17. Jahrhundert, König Max ließ es gotisch mit Zinnen und mit Ecktürmchen verschönern, Ludwig begnügte sich mit einem zusätzlichen Turmbau an der Nordseite, den die Nachkriegswittelsbacher 1949, als Denkmalschutz noch unbekannt war, zusammen mit dem Maxschen Zierat abrissen, so daß nur ein schlichtes, würfelförmiges, eher unattraktives Landhaus übrigblieb.

Der Bergbesucher hat nicht mehr zu tun, als von der Dampferlandestelle aus,

In seinem Schloß Berg hielt sich der König im Sommer und im Herbst besonders gerne auf. Es war ja auch sehr angenehm, lag nur knapp 30 Kilometer von der Münchner Residenz entfernt am Starnberger See, war somit leicht erreichbar und doch ein ländliches Idyll.

»Ludwig II. landet in Schloß Berg« heißt dieses Aquarell von Erich Correns aus dem Jahr 1867. Mit seinem Raddampfer »Tristan« fuhr er gern zur Roseninsel und nach Possenhofen, freilich nicht mit der eignen Hand am Steuerruder. Das Navigieren überließ er den drei Matrosen, die seine Crew bildeten.

anderthalb Kilometer weit, entlang dem Schloßparkzaun den Schildern nachzulaufen, die ihn zur neuromanischen Gedächtniskapelle weisen. Sie dient, im Jahr 1900 eingeweiht, nebst einer neugotischen Gedenksäule und einem kranzgeschmückten Holzkreuz im Wasser, dem Andenken des Königs Ludwig; denn hier, ungefähr an der Stelle, wo das Holzkreuz steht, ist er 1886 gestorben.

Mehrere Bänke sind hier aufgestellt, ein Geländer schützt den Kies- und Schilfstrand beim Kreuz vorm Betretenwerden, eine zerbeulte Tafel verbietet Sport und Spiel. Oberhalb der Kapelle lädt eine andere Tafel ein, doch auf dem König-Ludwig-Weg zu wandern, der von hier, »auf Wegen, die der bekannteste bayerische König zu seinen Lebzeiten oftmals gegangen, geritten oder gefahren ist«, bis nach Neuschwanstein führt. Mehrere Varianten, 95 bis 120 Kilometer lang, stehen zur Verfügung. Da die Wegmarkierungsschilder gern von Souvenirsammlern gestohlen werden, ist die Pfadfindung nicht immer leicht. Aber auch wer sich verläuft, muß nicht verzweifeln: Er irrt durch schöne Gegend.

Zu den nicht realisierten Prachtstücken aus dem Schatz der königlichen Phantasie zählt auch diese Prunkbarke, eine Galeere fast, mit einem mächtigen Baldachin. Damit wollte Ludwig den Chiemsee befahren. Der Kostümbildner Franz Seitz lieferte um 1870 den Entwurf.

Schulden

Den Finanzminister verprügeln

Die treuen Schlösserführer, dringlich angehalten, dem König überwiegend Gutes nachzusagen, werden nicht müde zu betonen, daß Ludwig keineswegs öffentliche Mittel, sondern nur sein eigenes Geld für seine Schloßbauten hinausgeworfen habe. Das ist wahr, im Prinzip, aber das kommt vor allem daher, daß sich der Landtag weigerte, für die Königsschulden aufzukommen.

Die Finanzlage der Kabinettskasse wurde seit 1880 immer desolater. 1884 betragen die Schulden siebeneinhalb Millionen Mark. Dafür wird eine Bankanleihe beschafft, aber schon ein Jahr später hat Ludwig neuerliche sechs Millionen Schulden, und noch einmal soviel verlangt er zur Weiterführung seiner Baumaßnahmen. »Wäre nur, gesetzt den Fall, die Summe, welche zur Deckung der Rückstände erforderlich ist, zu erlangen, und nicht die, welcher ich zum Weiterbauen so dringend bedarf, so würde mir hiemit nicht im geringsten gedient und geholfen sein«, schreibt er dem Innenminister Feilitzsch. Die Gläubiger murren mehr und mehr, in der Presse erscheinen hämische Kommentare, das Volk schüttelt den Kopf. Den König aber ficht das zunächst wenig an, er beauftragt seinen Finanzminister »die nötigen Schritte zur Regelung der Finanzen zu tun«. Der antwortet: Private Geldgeber seien nicht aufzutreiben,

1883 setzte der König die Burg Falkenstein – wieder vom mittelalterlichen Rittertyp – auf sein Bauprogramm. Den Falkenstein bei Pfronten (westlich von Neuschwanstein) sollte sie krönen. Aber die königliche Finanzlage ließ eine Verwirklichung des Entwurfes – von Christian Jank – nicht mehr zu.

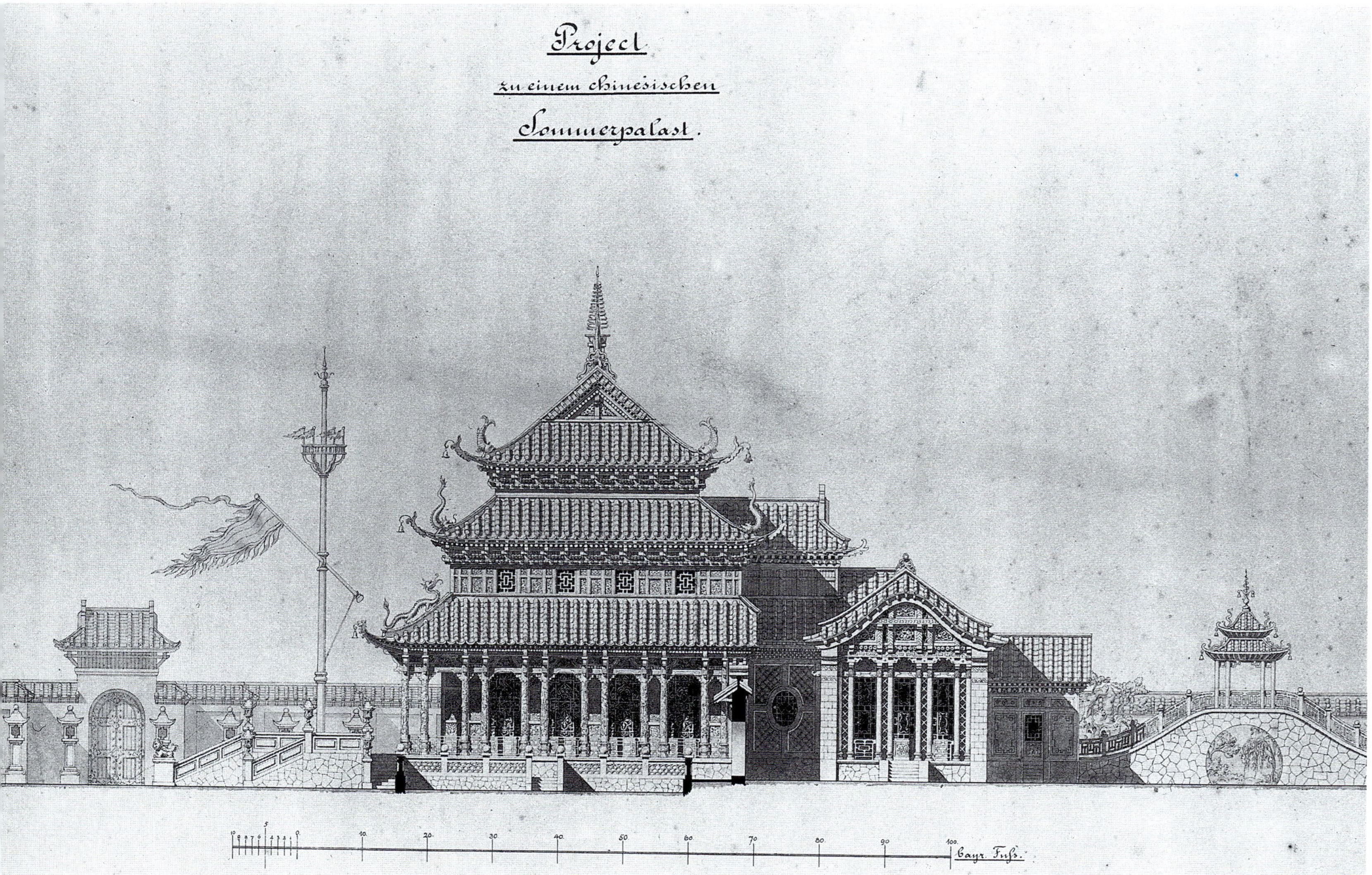

Mittel aus dem Staatshaushalt könnte nur der Landtag genehmigen, der aber denke nicht daran, im Gegenteil, es würde bei diesbezüglichen Beratungen im Parlament zu äußerst peinlichen Diskussionen kommen, die das Ansehen der Monarchie verletzten, überdies sei zu befürchten, daß ungeduldige Gläubiger gerichtliche Schritte unternähmen und womöglich die Schlösser pfänden ließen. Es gebe hier nur eine Möglichkeit: das Bauen aufhören und sparen. – Gerade das aber hatte der König am allerwenigsten vor.

Nun nahm er die Kreditbeschaffung selber in die Hand. Beschloß, den unfähigen Finanzminister tüchtig durchprügeln zu lassen, schickte Adjutanten und Vertraute durch die halbe Welt, um Anleihen aufzunehmen, und engagierte mutige Männer, die nach Frankfurt, Paris, Berlin und Stuttgart reisen, dort in Rothschild-Banken einbrechen und ihrem König so die nötigen Millionen besorgen sollten. Leider erwiesen die sich als betrügerische Strolche, machten sich in den Geldmetropolen ein paar schöne Tage, unterließen jeden Bankraubversuch, kehrten heim und meldeten: Beinah hätte es geklappt, aber im letzten Augenblick kam was dazwischen. – Schade! Hätten sie ihre Pflicht getan, besäßen wir heute ein paar einträgliche König-Ludwig-Schlösser mehr.

Die königliche Baulust blieb auch unter den drückenden Schuldenlasten ungebrochen. Nach dem Vorbild des kaiserlichen Winterpalastes in Peking wollte Ludwig auch noch ein chinesisches Schloß, am Plansee in Tirol, errichten. China fehlte ihm in der Tat noch im Sortiment.

Absetzung

UND DEIN SCHLOSS MUSST DU VERLASSEN

Daß es keine sozusagen normalen Schrulligkeiten waren, die den König ergriffen hatten, wußte man seit langem. Der König war krank – vermutlich von der Mutterseite her (natürlich, den Wittelsbachern fehlte nichts); sie hatte bedenkliches Erbgut aus dem inzüchtigen Hause Hohenzollern eingeschleppt, in das sich Ludwig und sein Bruder Otto, der seit zehn Jahren in geistiger Umnachtung lebte, teilten.

Solang die königlichen Exzentrizitäten harmlos, ja der Macht des Kabinetts eher zuträglich waren, konnte man mit ihnen leben. Was aber tut man mit einem König, der das ganze Land blamiert, mehr und mehr zur Plage wird, dem Ansehen des Staats, der Monarchie und schließlich gar auch noch der Position der Minister schadet?

Man muß sich von ihm trennen. Muß ihn entmündigen, muß ihn absetzen.

Das aber geht nicht einfach so per Kabinettsbeschluß, dazu ist laut Verfassung ein Gutachten erforderlich, das bestätigt, daß der König »durch irgend eine Ursache, die in ihrer Wirkung länger als ein Jahr dauert, an der Ausübung der Regierung gehindert« wird.

Das Gutachten wird eingeholt. Professor Bernhard Gudden, der als der bedeutendste deutsche Psychiater seiner Zeit gilt, und drei andere Ärzte bestätigen am 8. Juni 1886:

»Seine Majestät sind in sehr weit vor-

Seine letzte Reise führt den König von Neuschwanstein nach Berg. Eskortiert von zwei Wagen und begleitet von zahlreichem Gesinde, sitzt der König allein in seiner Kutsche, ein Stallbursche reitet daneben her und hat die Aufgabe, ihn zu observieren. Die Fahrt verläuft jedoch ohne Zwischenfälle.

geschrittenem Grade seelengestört und zwar leiden Allerhöchstdieselben an jener Form von Geisteskrankheit, die den Irrenärzten aus Erfahrung wohl bekannt mit dem Namen Paranoia – (Verrücktheit) bezeichnet wird. Bei dieser Form der Krankheit, ihrer allmähligen und fortschreitenden Entwicklung und schon sehr langen, über eine größere Reihe von Jahren sich erstreckenden Dauer ist Seine Majestät für unheilbar zu erklären und ein noch weiterer Verfall der geistigen Kräfte mit Sicherheit in Aussicht.«

Ein arger Schönheitsfehler des Gutachtens ist es, daß es nur auf die Aussagen von Zeugen aufbaut; eine Untersuchung des Königs durch die Ärzte fand nicht statt, der König hätte sie allerdings auch kaum zugelassen.

Am 9. Juni wird die Entmündigung vollzogen, am 10. übernimmt Prinz Luitpold die Regierung und trifft um vier Uhr morgens eine Staatskommission in Neuschwanstein ein, um dies dem König Ludwig mitzuteilen und ihn ins Schloß Berg zu transportieren.

Dem Unternehmen bleibt freilich der Erfolg versagt: Die Kommission wird abgewiesen, versucht, gewaltsam ins Schloß einzudringen, eine alte Baronin und die Polizei aber vertreiben sie, die Herren ziehen sich zurück nach Hohenschwangau, wohin ihnen der König mehrere kräftige Gendarmen nachschickt, die sie verhaften, ins Schloß Neuschwanstein schleppen und dort arretieren. Der König hatte den Befehl gegeben, den Kommissionären die Augen auszustechen und sie zu häuten; dies aber befolgte der kommandierende Wachtmeister nicht, weil er, wie er sagte, wußte, »daß Strafen nur durch Richterspruch verhängt werden können«.

Nach ein paar Stunden werden die Kommissionsmitglieder freigelassen, kehren heim nach München, kommen am 12. mit neuem Mut zurück und werden nun ihre Botschaft los.

»So, so«, sagt darauf der König. »Also Prinz Luitpold hat es jetzt glücklich so weit gebracht, dazu hätte er nicht so einen Aufwand von Schlauheit gebraucht, hätte er nur ein Wort gesagt, dann hätte ich die Regierung niedergelegt und wäre ins Ausland gezogen.«

Morgens um vier brach man auf, in drei Kutschen, und traf um 12 Uhr 12 im Schloß Berg ein; die Fahrt verlief ohne Zwischenfall. Die »Allgemeine Zeitung« meldete: »In der Begleitung des Königs befanden sich Dr. Gudden und Assistenzarzt Müller nebst Wärtern und Aufsehern. Das Aussehen des Königs hat sich nicht verändert; seine Haltung ist gerade, sein Benehmen ruhig. Der König verkehrte mit Dr. Gudden in gnädigster Weise und bleibt vorerst hier.«

Vorerst.

»In diesem Raum wurde der König festgenommen«, erzählt der Neuschwansteinführer mit umflorter Stimme. – Hier, im Schlafzimmer von Neuschwanstein, erklärte die Irrenärzte-Kommission dem königlichen Verschwender, er sei unheilbar geisteskrank und deshalb entmündigt.

Nicht alle seine Untertanen liebten den König, viele nahmen ihm seine Extravaganzen, sein völliges Desinteresse an der Politik und seine verschwenderischen Schlösserbauten übel. Anonyme Schmäher forderten seine Abdankung, eine Idee übrigens, die er, wenn er besonders zornig war, des öfteren auch selbst erwogen hatte.

Das tragische Ende

UND GEHEIME MEUCHELMÖRDER

Am Pfingstsonntag, dem 13. Juni 1886, ist der König, 40 Jahre, neun Monate, zwei Wochen und fünf Tage alt, verstorben. Ertrunken im Starnberger See, 966 Schritte weit von seinem Schloß Berg entfernt.

Tatsächlich ertrunken? Wieso? Was um Gotteswillen wollte er sonntagabends im Mantel, mit Hut und Regenschirm in den eiskalten Fluten des Sees?

Es regnete und war ziemlich kühl. Trotzdem hatten der König und sein Psychiater Dr. Bernhard Gudden einen Abendspaziergang durch den Schloßpark angetreten. Um 18 Uhr 45 verließen sie das Schloß. Ein Wärter, der ihnen in diskretem Abstand folgen wollte, wurde von Gudden zurückgeschickt. Der König hatte sich offenbar mit seinem Schicksal abgefunden, war ruhig und fügsam, Vorsichtsmaßnahmen erschienen unnötig, außerdem waren ja mehrere Gendarmen unterwegs.

Um halb acht erwartete man die beiden zurück, aber sie kamen nicht. Dreiviertel acht – kein König, kein Psychiater, acht – noch immer nichts. Wo sind sie denn? Der Regen hatte zugenommen, hatten sie sich wo untergestellt? Nervosität breitete sich aus im Schloß, Suchtrupps schwärmten aus, Pfleger, Wärter, Ärzte, Polizisten, Hofbedienstete zogen mit Fackeln und Laternen durch den Park.

Es wird neun Uhr, wird halb zehn, nirgends eine Spur von den Vermißten. Endlich um zehn bemerkt der Hofoffiziant Georg Ritter »etwas Schwarzes ganz nahe am Ufer«, zieht es aus dem Wasser und erkennt »in demselben auch gleich den Überrock Seiner Majestät, da infolge dessen Größe und Schwere eine Täuschung hierüber nicht möglich war«. Es folgen Regenschirm und Hut, dann Guddens Hut, und gegen elf Uhr werden vom Schloßverwalter Huber der tote König und sein toter Arzt gefunden. Huber gibt zu Protokoll: »Als ich mit Dr. Müller auf die Leichen traf, schwammen dieselben etwa zwanzig bis fünfundzwanzig Schritte vom Ufer entfernt hintereinander, die Leiche Seiner Majestät uns zunächst, die andere Leiche etwa eine Tischlänge entfernt hinterdrein, beide das Gesicht im Wasser. Ich bin aus dem Schiff ins Wasser gesprungen, welches mir bis über die Brust reichte, habe die beiden Leichen erfaßt und gegen das Ufer geschoben, wo sie mit Hilfe der dort mittlerweile angesammelten Leute aus dem Wasser gehoben und in das Boot gelegt wurden. Die Leiche des Dr. Gudden war vollständig

Der König war tot, aber für sein treues, wildes Bergvolk lebte er weiter, und in der Nähe seiner Denkmäler konnte es leicht geschehen – das Bild beweist's –, daß er zu den Bauern, Holzhackern und Sennerinnen herniederstieg, wie ein Gespenst oder ein frommer Heiliger, und ihnen huldreich die Hände schüttelte.

Als Dr. Gudden mit dem König zum abendlichen Spaziergang aufbricht, schickt er den Wärter zurück ins Schloß. »Hier geht es bis jetzt wunderbar gut«, hatte er nach München telegraphiert, und seinem Assistenten erklärte er, der König sei ja »wie ein Kind«. Eine folgenschwere Fehldiagnose des Psychiaters.

bekleidet, die Leiche Seiner Majestät war in Hemdsärmeln.«

Der König ist bis auf kleine Hautabschürfungen an den Knien unverletzt, Gudden hat Kratzwunden an der Stirn und an der Nase, überdies ein blaugeboxtes rechtes Auge. Die königliche Taschenuhr steht auf 18 Uhr 54. Guddens Assistenzarzt Dr. Müller erinnert sich: »Das Gesicht des Königs zeigte einen finsteren, herrschsüchtigen, fast tyrannischen Zug. Guddens Züge hatten das freundliche Lächeln, das ihm im Leben so viele Kranke gewonnen hatte, nicht verloren.«

Was war geschehen? Zeugen des Hergangs gab es nicht, niemand hatte etwas gehört, das offizielle Protokoll nennt keine Todesursache, so hat jedermann noch heut Gelegenheit zu eigenmächtigen Mutmaßungen.

Die gängige Lesart besagt: Ludwig und

Dr. Gudden im Kampf mit dem König. Der Arzt hatte keine Chance gegen den 20 Jahre jüngeren schwergewichtigen Riesen. Vergebens sucht er ihn zurückzuhalten, der König schüttelt ihn samt seinem Leibrock ab, Gudden faßt den König erneut, der schlägt ihn nieder, würgt und ertränkt ihn und stirbt selbst.

Nachts um elf werden die Leichen des Königs und seines Psychiaters im seichten Uferwasser des kalten Starnberger Sees gefunden. Guddens Assistent Dr. Müller, der Schloßverwalter Huber und ein Pfleger bergen sie in einen Fischerkahn (zeitgenössische Darstellung aus der Presse).

Ein hölzernes Kreuz im See markiert die Stelle, an welcher der König ertrunken ist. Das Wasser ist hier heut kaum knietief, seinerzeit maß man 1 Meter 28 Tiefe. Alljährlich am Todestag Ludwigs wird das Kreuz von König-Ludwig-Club-Mitgliedern mit einem Kranz geschmückt.

Was ein echter Ludwig-II.-Verehrer ist, versäumt nicht, seinen König dann und wann in der Gedächtniskapelle im Schloßpark von Berg zu besuchen. Natürlich kommt er nicht mit leeren Händen, sondern bringt einen Blumenstrauß mit, mit dem er das Königsbildnis schmückt.

Dr. Gudden sind ertrunken. Unser Herrenchiemseeschloßführer aber sät Zweifel an dieser Version in unsere Herzen:

»Am 13. Juni mußte, und das ›mußte‹ miaßma jetzt unterstreichen, da mußte der König mit seinem Leibarzt Professor Doktor Gudden ausgehen und sind beide im Starnberger See ertrunken. Ja, aber da natürlich sprechen jetzt drei Punkte gegen das normale Ertrinken. Erstens sind doch beide ertrunken. Zweitens war der König ein sehr guter Schwimmer, und drittens war die Stelle überhaupt nicht tief. Aber wir haben jetzt leider keinen Beweis, wie der König genau umgekommen ist. Da bleibt uns jetzt nur noch ein Rätsel, und das wird's auch immer bleiben, weil uns dees die Wittelsbacher, die es sehr wahrscheinlich wissen, wie das richtig verlaufen ist, niemals sagen.«

Sie, die Wittelsbacher, halten ihr geheimes Hausarchiv jedenfalls verschlossen und geben damit Anlaß zur Bildung abenteuerlicher Legenden.

Sehr verbreitet ist die Selbstmordtheorie: Der König, abgesetzt, entmündigt, für geisteskrank erklärt, ins Schloß gesperrt, verzweifelt, beschließt, sich umzubringen. Er hat ja oft genug mitgeteilt, daß er »an Selbsttötung denke«, wenn ihm seine

Die Gedächtniskapelle für den König im Schloßpark von Berg. Von 1896 bis 1900 entstand sie als neu-frühromanischer Zentralbau – ein Gotteshaus von eher etwas kühler Pracht und als architektonisches Kunstwerk nicht sonderlich bedeutend.

»Hauptlebensfreude«, das Bauen, genommen würde.

Kaum zehn Minuten unterwegs, entläuft er seinem Arzt, stürzt sich ins Wasser. Gudden folgt ihm, um ihn zurückzuhalten, packt ihn am Kragen, der König schlüpft geschickt aus seinem Rock, eilt weiter, Gudden denkt: Wenn ich allein heimkomme, ist der Teufel los, erwischt den König noch einmal, es kommt zum Ring- und Faustkampf, der riesige, fast zweieinhalb Zentner schwere Ludwig schlägt Gudden nieder, würgt ihn, taucht ihn ins Wasser, Gudden ertrinkt. Ludwig stürmt noch ein paar Schritte weiter, läßt lebensmüde seinen Kopf sinken, hält ihn mit eiserner Willenskraft unter Wasser, ertrinkt desgleichen.

Das klingt ja nun ziemlich unwahrscheinlich und wäre wohl auch gar nicht möglich, man müßte vermutlich damit rechnen, daß der Kopf in solch einem Fall ganz automatisch hochgehoben würde. Daher gilt die Herzschlagtheorie als die glaubhaftere: Der Herzschlag trifft den König nach der Anstrengung des Kampfes mit Doktor Gudden. Dies hätte auch den schätzenswerten Vorzug, daß der Makel, ein Selbstmörder zu sein, vom König genommen wäre.

Der Sarkophag des Königs in der St.-Michaels-Kirche in München. Sein Volk stellt ihm Blümchen darauf und zündet Kerzen an. Hier ist er bestattet, mit Ausnahme seines Herzens, das sich nach bayerischem Königsbrauch in einer silbernen Urne in der Gnadenkapelle von Altötting befindet.

In der alten Residenzkapelle in München wurde der König aufgebahrt. Hartschiere und Georgiritter übernahmen die Totenwache, und auch das Volk durfte von seinem toten Herrscher Abschied nehmen. In der rechten Hand hielt Ludwig einen von Kaiserin Sissi selbstgepflückten Jasminstrauß.

Sollte Gudden – was gut möglich wäre: er war immerhin 62 Jahre alt und sicher weder an Raufereien noch an zwölf Grad kaltes Badewasser sehr gewöhnt – ebenfalls am Herzschlag gestorben sein, so träfe den König auch kein Totschlagvorwurf; das wäre eine einigermaßen befriedigende Version.

In Ludwig-Fan- und -Freundeskreisen neigt man zu der Meinung: Der König dachte gar nicht daran, sich selbst zu morden, hätte er das gewollt, wäre in Neuschwanstein genug Gelegenheit gewesen. Nein:

»Der König wollt' schwimmen über
den See
zu den Tausenden seiner Getreuen.«

Er befand sich auf der Flucht (die sich freilich auch ihrerseits von Neuschwanstein aus bei weitem leichter hätte bewerkstelligen lassen).

Beweis: Deutliche frische Räderspuren vor dem Parktor zeigten, daß ein Wagen bereitstand; ihn wollte der König auf dem Weg durch das Wasser erreichen, denn das Tor war zugesperrt. Außerdem wurden mehrere Boote, geschickt von Kaiserin Elisabeth, hergerudert von tapferen Fischern, beobachtet. Aber wiederum machte ein Herzschlag den Plan zunichte.

Sollte dies zutreffen, müßte man freilich sagen: Viel ungeschickter hätte sich die Befreiung schwerlich organisieren lassen. Daß Gudden nicht untätig bleiben

Die Krone ging nach dem Tod des Königs auf seinen geisteskranken Bruder Otto über, in dessen Namen der 65jährige Prinz Luitpold – Ludwigs Onkel – die Regentschaft übernahm. Vom ludwigstreuen Volk wurde er als »Königsmörder« angefeindet. – Das Bild von Franz von Defregger (1880) zeigt ihn in seiner Lieblingspose, als Jäger.

würde, war abzusehen, und ebensogut, wie der König ins Wasser springen konnte, wäre es seinen Helfern möglich gewesen, ihn am Ufer aufzunehmen.

Den Kampf zwischen Ludwig und seinem Psychiater dokumentieren zahlreiche Schleif- und Trampelspuren am Seerand und im seichten Wasser. Aber: Hat es die wirklich gegeben? Und, falls ja, waren sie echt? Oder wurden sie womöglich zur Verwirrung und Irreführung des Volks und der Protokollanten künstlich gelegt? Und von wem?

Vielleicht war es nämlich auch so, daß dem König, der ja vor dem Spaziergang ausgiebig diniert hatte, heimlich Chloroform beigebracht worden war, so daß er betäubt, benommen und entkräftet zum Seeufer wankte und von Gudden nur noch einen Schubs zu bekommen brauchte, schon lag er im Wasser. Allerdings zu nah am Rande. Also packte ihn der tückische Arzt noch einmal, zerrte ihn weiter in den See hinaus, wobei der König zu sich kam, mit Gudden raufte, »Canaille, nun ersaufe!« röchelte, in neuerliche Chloroformohnmacht verfiel, ertrank.

Warum aber wollte Gudden seinen König töten? Wer hatte ihn beauftragt? Waren es Rivalen und Verschwörer aus dem Hause Wittelsbach? War's eine schurkische Ministerclique? Oder waren es, was das Bayernvolk stets am liebsten vermutete, die Preußen? – »Doktor Gudden

Geschäftstüchtige Druckwarenfabrikanten wußten die Liebe des Volks zu seinem König geschickt zu nutzen und brachten Hunderte von Postkarten auf den Markt, die das Bild Ludwigs umrankt von Blumen und geschmückt mit Lob- und Preis- und Treueverslein zeigten.

und der Bismarck, den man den falschen Kanzler nennt«?

Im übrigen ist der König ja wahrscheinlich auch erschossen worden, zwei Kugellöcher sollen sich in der – leider verschollenen – Weste Ludwigs befunden haben. Die Meuchelschüsse kamen wiederum aus Hof-, Minister- oder Preußenkreisen, eventuell auch aus dem Anarchistenlager.

Oder aber aus einer Polizeidienstwaffe. Dazu kam's, laut einem Leserbrief an die »Süddeutsche Zeitung« aus dem Jahr 1979 so: Der König flieht ins Wasser, Gudden setzt ihm nach, die beiden ringen miteinander, ein Gendarm, der dies beobachtet, »sieht, wie die Sache für Dr. Gudden steht; er gibt, wohl um diesen zu retten, zwei Schüsse auf den König ab, trifft ihn in den Rücken. Man kann sich vorstellen, daß das Volk diese Erklärung nicht angenommen hätte. So wurde denn mit der gehörigen Verspätung die Nachricht von einem mysteriösen Unglück verbreitet: von den Schußverletzungen war nach der Aufbahrung nichts mehr zu erkennen. Der unglückliche Beamte wurde zum Schweigen verpflichtet und ins

nördlichste Bayern – nach Unterfranken – strafversetzt.«

Die Romantiker unter den Ludwigstreuen wissen noch anderes zu erzählen: Der König ist weder ertrunken noch von zwei Kugeln noch vom Herzschlag getroffen worden. Freundliche Retter haben ihn nach Guddens Tod entführt. Im See versenkt und schließlich aufgebahrt und in den Sarkophag verbracht wurde eine wächserne, dem König täuschend ähnliche Puppe.

Ludwig aber lebte weiter, glücklich und relativ zufrieden, in Niederbayern oder auf dem wilden Balkan. Dies wäre, nicht wahr?, das netteste, erfreulichste, befriedigendste Ende seiner tragischen Geschichte, zwar etwas unwahrscheinlicher als all die anderen, doch einem Märchenkönig gewiß am angemessensten.

Seine Fans flechten dem König Ludwig nicht nur Kränze, dann und wann stellen sie auch ein Denkmal für ihn auf, dessen Enthüllung – hier 1982 in Linderhof – malerisch gekleidete Ober-Bayern in edlen Trachten und mit bildschönen Hüten auf den Plan ruft.

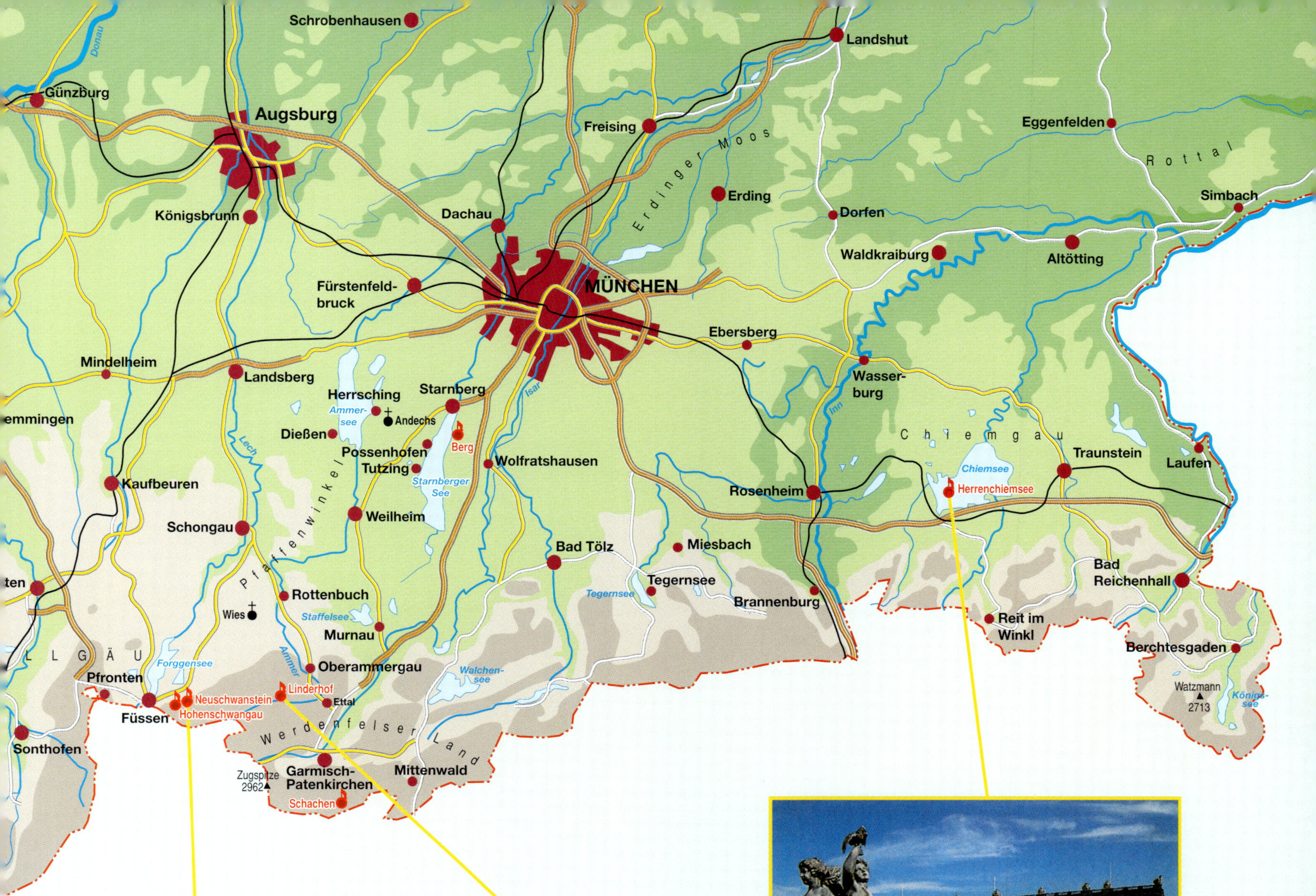
Schrobenhausen
Landshut
Donau
Günzburg
Augsburg
Freising
Eggenfelden
Erdinger Moos
Rottal
Erding
Simbach
Königsbrunn
Dachau
Dorfen
Waldkraiburg
Altötting
Fürstenfeld-
bruck
MÜNCHEN
Ebersberg
Mindelheim
Landsberg
Wasser-
burg
Herrsching
Starnberg
Isar
Inn
Ammer-
see
Andechs
emmingen
Dießen
Berg
Chiemgau
Lech
Possenhofen
Tutzing
Wolfratshausen
Chiemsee
Traunstein
Laufen
Herrenchiemsee
Starnberger
See
Rosenheim
Kaufbeuren
Pfaffenwinkel
Weilheim
Schongau
Bad Tölz
Miesbach
Bad
Reichenhall
ten
Tegernsee
Rottenbuch
Brannenburg
Wies
Staffelsee
Reit im
Winkl
Murnau
Berchtesgaden
ALLGÄU
Forggensee
Ammer
Oberammergau
Pfronten
Walchen-
see
Linderhof
Neuschwanstein
Ettal
Watzmann
2713
Königs-
see
Füssen
Hohenschwangau
Werdenfelser Land
Sonthofen
Zugspitze
2962
Garmisch-
Patenkirchen
Mittenwald
Schachen

Fotonachweis

(Der Fotonachweis ist erweitert durch zusätzliche Bildinformationen und Standortangaben.)

Bayerische Verwaltung der staatlichen Schlösser, Gärten und Seen, München: S. 17 (Lithographie von J. Woelffle nach einer Zeichnung von Erich Correns; Herrenchiemsee, Ludwig-II.-Museum), S. 20 (Kolorierte Fotografie nach einem Aquarell von Ernst Rietschel, 1850; Herrenchiemsee, Ludwig-II.-Museum), S. 24 (Kroninsignien Bayerns von Martin Guillaume Biennais, Paris 1906; München, Residenz, Schatzkammer), S. 25 und Titelmotiv (»König Ludwig II. in bayerischer Generalsuniform mit Krönungsmantel«, Gemälde von Ferdinand Piloty, 1865; Herrenchiemsee, Ludwig-II.-Museum), S. 38/39 (Entwurf des Schlosses Neuschwanstein von Nordosten, Gouache von Christian Jank, 1869; Herrenchiemsee, Ludwig-II.-Museum, WAF), S. 62, S. 75, S. 77 (»König Ludwig II. als Großmeister des Georgiritterordens«, Gemälde von Gabriel Schachinger, 1887; Herrenchiemsee, Ludwig-II.-Museum), S. 93 (»König Ludwig II. landet mit seinem Schiff ›Tristan‹ vor Schloß Berg«, Aquarell von Erich Correns, 1867; Herrenchiemsee, Ludwig-II.-Museum), S. 94 (Entwurf einer Prunkbarke, Gouache von Franz Seitz, um 1870; Herrenchiemsee, Ludwig-II.-Museum), S. 95 (Erster Entwurf für die Burg Falkenstein, Gouache von Christian Jank, 1883; Herrenchiemsee, Ludwig-II.-Museum), S. 96 (Entwurf zu einem Projekt des Chinesischen Sommerpalastes [Aufriß] von Julius Hofmann, 1886; Herrenchiemsee, Ludwig-II.-Museum), Umschlagrückseite: »Ludwig«, mit freundlicher Genehmigung der Ludwig Musical AG & Co. Betriebs-KG
Robert Bechteler, Sonthofen: S. 66/67
Bildarchi Bruckmann, München: S. 1 (Fotografie von Franz Hanfstaengl, 1879), S. 34 unten, S. 36, S. 37 oben (Fotografie von Joseph Albert, 1867), S. 40 (Fotografie von Franz Hanfstaengl, 1867), S. 42 oben, S. 55 (Fotografie von Franz Hanfstaengl), S. 97, S. 98
Bildarchi Huber, Garmisch-Partenkirchen: S. 4/5, S. 10/11 (R. Schmid), S. 26/27 (B. Radelt), S. 34 oben, S. 85 (R. Schmid), S. 87, Umschlagmotiv: Neuschwanstein (Giovanni)
Sammlung Jean Louis, München: S. 13, S. 15 links, S. 15 rechts, S. 21 oben, S. 21 unten rechts, S. 29 (Lithographie), S. 30 (Holzstich nach einer Zeichnung von Joseph Watter in »Über Land und Meer«, 1872), S. 31, S. 41, S. 42 unten (Aquarell wohl von Gottfried Semper, 1867; Foto: Bayreuth, Nationalarchiv der Richard-Wagner-Stiftung/Richard-Wagner-Gedenkstätte), S. 48 (Holzstich nach einer Zeichnung von Robert Aßmus in der »Gartenlaube«, 1886), S. 84 (Holzstich nach einer Zeichnung von W. Grögler in der »Leipziger Illustrirten Zeitung« vom 13. 08. 1887), S. 88 (Holzstich nach einer Vorlage von Gustav Sundblad in der »Gartenlaube«, um 1880), S. 100 (Darstellung anläßlich der Enthüllung des Denkmals für König Ludwig II. in Murnau am 26. August 1894), S. 107 (Holzstich nach einer Zeichnung von H. Albrecht in der »Gartenlaube«, 1886), S. 109 links, S. 109 rechts
Joachim Kankel, München: S. 44
Luftbild Klammet & Aberl, Ohlstadt: S. 78/79 (Freigabe durch die Regierung von Oberbayern Nr. G43/1125)
Wolfgang Lauter, München: S. 18/19
MAURITIUS: S. 6/7 (Nägele), S. 32/33 (Kabes), Nachsatz (Pigneter)
Richard Mayer, München: Vorsatz, S. 2/3, S. 8/9, S. 12, S. 23, S. 49, S. 51, S. 52, S. 53, S. 54, S. 56 oben, S. 57, S. 58, S. 59, S. 61, S. 63, S. 69, S. 70, S. 71, S. 73, S. 74, S. 81, S. 82/83, S. 86, S. 89, S. 91, S. 103, S. 104, S. 105, S. 106, Umschlagmotive: Linderhof, Herrenchiemsee
Ludwig Merkle, München: S. 80
Werner Neumeister, München: S. 22, S. 43 (»König Ludwig II. und Richard Wagner«, Gouache von Fritz Bergen), S. 46/47 (»Nächtliche Schlittenfahrt Ludwigs II. von Neuschwanstein nach Linderhof«, Ölgemälde von R. Wenig; München, Marstallmuseum im Schloß Nymphenburg, Bayerische Verwaltung der staatlichen Schlösser, Gärten und Seen), S. 50 (»Ludwig II. auf dem Balkon des Thronsaals von Neuschwanstein«, Ölgemälde von Ferdinand Leeke), S. 60, S. 64, S. 65, S. 76, S. 99, S. 110
Alexander Rauch, München: S. 72
Aus: Anton Sailer, Bayerns Märchenkönig, 4. Auflage 1992, Bruckmann, München: S. 14 oben, S. 14 unten, S. 21 unten links, S. 28, S. 37 unten, S. 45 oben, S. 45 unten, S. 56 unten, S. 92, S. 101, S. 102 oben, S. 102 unten, S. 108 (»Prinzregent Luitpold als Jäger«, Gemälde von Franz von Defregger, 1880)
Wittelsbacher Ausgleichsfonds, München: S. 35 (»Kaiserin Elisabeth von Österreich«, Gemälde von Franz Schrotzberg)